Bo Hanus

LED-Beleuchtungen im Haus selbst planen und installieren

Bo Hanus

LED-Beleuchtungen im Haus selbst planen und installieren

Leicht gemacht, Geld und Ärger gespart!

Mit 133 farbigen Abbildungen

Bibliografische Information der Deutschen Bibliothek

Die Deutsche Bibliothek verzeichnet diese Publikation in der Deutschen Nationalbibliografie; detaillierte Daten sind im Internet über **http://dnb.ddb.de** abrufbar.

Satz: DTP-Satz A. Kugge, München
art & design: www.ideehoch2.de
Druck: L.E.G.O. S.p.A., Vicenza (Italia)
Printed in Italy

Vorwort

Dank neuester Entwicklungen mausern sich Leuchtdioden zu den interessantesten und modernsten Leuchtmitteln, die auch bei der Beleuchtung des Hauses herkömmliche Lichtquellen zunehmend verdrängen. Ihr Siegeszug scheint unaufhaltsam zu sein, denn sie leuchten energiesparend und weisen noch andere Vorteile auf: Im Vergleich mit den oft sehr träge aufleuchtenden Energiesparlampen leuchten sie sofort nach dem Einschalten mit voller Intensität und haben zudem auch noch eine 5- bis 10-mal längere Lebensdauer. Das sind aber nur einige der Vorteile, mit denen die Leuchtdioden alle anderen Leuchtmittel „in den Schatten stellen". Sie weisen einige spezielle Eigenheiten auf, die wir von anderen Leuchtmitteln nicht kennen und über die wir Sie in diesem Buch ausführlich informieren.

Zu den wichtigsten „speziellen Eigenheiten" der Leuchtdioden (LEDs) und kompakten LED-Leuchtkörper gehören die Art der Spannungsversorgung, die Form des ausgestrahlten Lichtkegels, die Farbnuancen des „weißen" Lichtes etc. Konnte sich der Anwender bisher eine Decken- oder Wandleuchte einfach als Einrichtungsgegenstand kaufen, bei dem er sich allein nach dem Design richtete, muss er bei der Wahl einer LED-Leuchte auf viele Kleinigkeiten achten, die bisher keine Rolle spielten.

Leuchtdioden eignen sich auch hervorragend für den Selbstbau verschiedenster Leuchten zur Beleuchtung der Wohn- und Arbeitsräume oder für kleine Lichtquellen, die eine dekorative Funktion haben. Die Elektroinstallation selbst gebauter Leuchten stellt nur geringe Ansprüche an das handwerkliche Können. Wie man sie durchführt und worauf es dabei ankommt, erklären wir Ihnen ebenfalls ausführlich in diesem Buch. Sie werden staunen, wie einfach alles geht!

Viel Erfolg bei allen Vorhaben, die Sie mithilfe dieses Buchs in Angriff nehmen, wünschen Ihnen

Bo Hanus und seine Co-Autorin Hannelore Hanus-Walther

Inhaltsverzeichnis

Inhaltsverzeichnis

1 LED-Beleuchtung im Wohnbereich

Leuchtdioden gewinnen als Lichtquellen an Beliebtheit. Sie verbrauchen wenig Strom, können bei winzigen Abmessungen ein verblüffend starkes Licht erzeugen und benötigen dazu nur sehr niedrige Versorgungsspannungen. Die meisten der kleineren Leuchtdioden wärmen sich zudem während des Betriebs kaum auf und eignen sich daher auch für einfachere Selbstbau-Leuchten aus wärmeempfindlichen Materialien.

LED-Leuchtmittel, die als Fertigprodukte erhältlich sind, haben gegenüber den meisten handelsüblichen Energiesparlampen unter anderem den großen Vorteil, unmittelbar nach dem Einschalten mit voller Leuchtkraft zu leuchten.

Mit der Anpassung „kahler" Leuchtdioden an die Versorgungsspannung verhält es sich etwas anders als bei allen anderen herkömmlichen Lampen, denn sie richtet sich nicht nach den üblichen Nennspannungen der etablierten Spannungsquellen. Zudem ist für die optimale Funktion einer LED nicht die Spannung, sondern der Strom wichtig, den sie typenbezogen aus einer Spannungsquelle bezieht und der für sie optimal eingestellt werden sollte. Dies gilt zwar nicht für Fertigprodukte, dafür aber um so mehr bei Anwendungen von Leuchtdioden die als kahle Bausteine für den Selbstbau in großer Auswahl erhältlich sind und eine kreative Gestaltung interessanter Lichtquellen aller Art ermöglichen.

Für die meisten Hochleistungs-LEDs oder LED-Leisten (LED-Strips) sind diverse *LED-Konverter* als Fertigbausteine bzw. Einbaugeräte erhältlich, aus denen die LEDs einen fest vorgegeben Strom beziehen können. Diese Geräte sind jedoch nicht für jedes Vorhaben passend.

Die Auswahl an LED-Fertigleuchten aller Art nimmt ständig zu. Viele dieser Leuchten sind für einen Anschluss an die normale 230-Volt~-Netzspannung ausgelegt. Sie können dann ähnlich problemlos wie z. B. herkömmliche Glühlampen an das elektrische Hausnetz angeschlossen werden. Alternativ gibt es auch LED-Leuchtmittel (Abb. 1.2b), die als Ersatz für herkömmliche 230-Volt-Glühbirnen oder 12-Volt-Halogenlampen vorgesehen und für 12-Volt-Wechselspannung entwickelt sind, die über Halogentransformatoren von der Netzspannung bezogen wird.

Bei diesem Anwendungsbereich müssen die LED-Leuchtmittel – wie alle anderen *netzbetriebenen* Leuchten auch – in das elektrische Hausnetz integriert werden. Hier wird der Anwender zwangsläufig mit der Integration der LEDs ins Hausnetz – und so auch mit Arbeiten an den 230- oder 400-Volt-Hausnetzleitungen konfrontiert.

Seitens des Gesetzgebers gibt es keine Vorschriften, die ein Heimwerker in Bezug auf die Arbeit mit LEDs beachten müsste. Lediglich ein paar nützliche Ratschläge gilt es zu beachten, die Sie in diesem Buch noch finden werden. Wir haben in diesem Buch die Kapitel 6

Abb. 1.1 – Leuchtdiode (Standard-Radialform) in natura und als Schaltzeichen

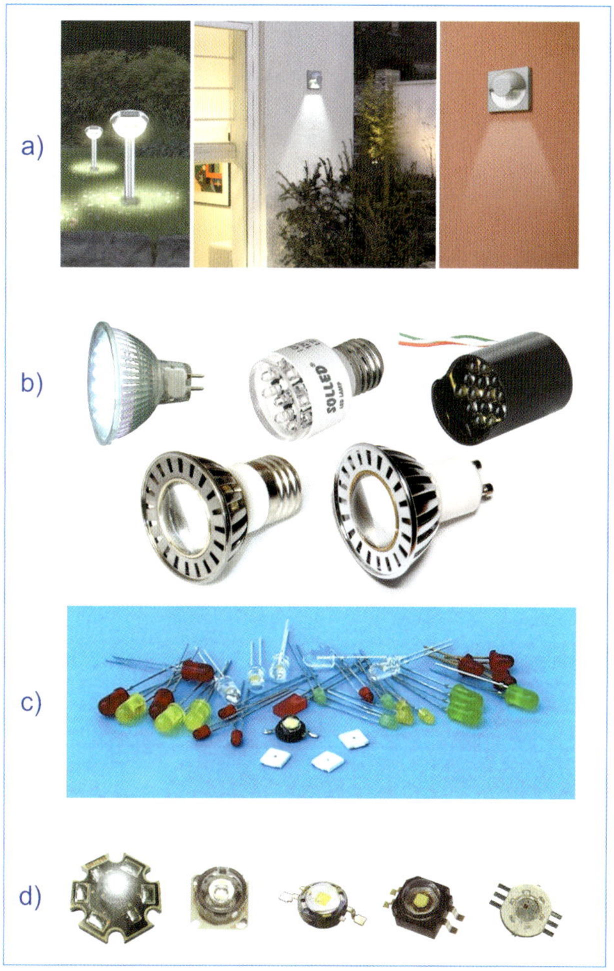

Abb. 1.2 – LED-Leuchtmittel aller Art gibt es in zunehmend großer Auswahl. Viele von ihnen können ohne zusätzlichen Aufwand einfach anstelle einer Glühbirne oder Halogenlampe in die bestehende Leuchtenfassung eingeschraubt bzw. eingesteckt werden: a) Fertigleuchten; b) LED-Leuchtmittel als Ersatz für herkömmliche Glühbirnen oder Halogenlampen; c) kleine LEDs als kahle Bausteine für den Selbstbau; d) Hochleistungs-LEDs als Bausteine mit hoher Leuchtkraft.

und 7 den praktischen Arbeiten an der Netzspannung und den Elektroinstallationsarbeiten gewidmet.

Da Lichtinstallationen im Haus weitgehend als Unterputzleitungen ausgeführt werden, werden auch diesem Thema Beschreibungen und Erklärungen gewidmet. So werden jene, die mit solchen Arbeiten noch keine Erfahrung haben, erfolgreich ihr Ziel erreichen. Diese Anleitungen sind auch dann nützlich, wenn man nur kahle LEDs als Bausteine verwendet und die erstellten Leuchten z. B. nur mit dem Strom aus einem Steckernetzgerät versorgt. Mit der Zeit werden erfahrungsgemäß doch aufwendigere Projekte in Angriff genommen.

Es ist nicht sinnvoll, LED-Beleuchtung mit Batterien zu betreiben – nicht zuletzt, weil Batterien zu den mit Abstand teuersten Energiequellen gehören. Es lohnt sich, als Energiequelle den Strom aus dem Hausnetz zu beziehen. In vielen Fällen kann man ihn direkt der

Steckdose entnehmen. Das ist einfach, reicht aber oft nur für kleinere Selbstbauprojekte mit kahlen (und oft sehr preiswerten) LEDs. Solche einfacheren Anwendungen der kahlen LEDs erleichtern den Einstieg in die „geheimnisvolle Welt" der Leuchtdioden und helfen später bei der richtigen Auswahl teurerer LED-Leuchten.

Abb. 1.3 – Es gibt kaum ein Vorhaben, das sich nicht eigenhändig realisieren lässt. Man muss sich lediglich die Zeit nehmen, sich gut über das Projekt zu informieren: z. B. eine attraktive LED-Beleuchtung hinter Glaselementen und an den Wänden im Bad. Aber Vorsicht bitte: Für eine solche Installation benötigt man Fachwissen, denn sie sollte aus Sicherheitsgründen mit 12-Volt-Leuchtmitteln ausgelegt sein. Die Spannungsversorgung muss über einen ausreichend sicheren Trafo erfolgen. (Quelle: Lumitronix)

Abb. 1.4 – Schon gewusst? Um beispielsweise aus Mignon(AA)-Batterien die elektrische Leistung einer einzigen Kilowattstunde beziehen zu können, werden bis zu 600 Stück solcher Batterien benötigt. Eine Kilowattstunde, die Sie aus dem öffentlichen elektrischen Netz beziehen, kostet momentan etwa 18 bis 20 Cent. Da lohnt sich der Vergleich mit den Kosten für 600 Batterien!

2 Technische Eigenheiten der LEDs

Im Gegensatz zu den meisten herkömmlichen Lampen weisen Leuchtdioden als „kahle" Bauteile zwei besondere Ansprüche an die Spannungsversorgung auf:

a) Sie müssen polaritätsgerecht angeschlossen werden (ansonsten leuchten sie nicht auf).
b) Nicht die Versorgungsspannung, sondern der LED-Strom hat bei

2 Technische Eigenheiten der LEDs

diesen Leuchtkörpern den wichtigsten Stellenwert, der für die optimale Lichtausbeute und für die Lebensdauer dieses „Halbleiters" maßgeblich ist. Bezieht die LED einen höheren Strom (I_F), als laut ihrer technischen Daten erlaubt ist, kann sie schnell vernichtet werden.

Bei der Anwendung einer Leuchtdiode verdient also an erster Stelle nicht die *Betriebs-* bzw. *Durchlassspannung* (U_F), sondern der *Betriebsstrom* (I_F) erhöhte Aufmerksamkeit. Bei vielen Leuchtdioden wird die Betriebsspannung nur durch „von … bis …" angeben. Dabei handelt es sich oft um einen Spannungsbereich, in dem die LED ihre volle Lichtintensität nur dann erreicht, wenn die Betriebsspannung so eingestellt wird, dass sie den vom Hersteller angegebenen Betriebsstrom (I_F) bezieht. Dabei darf die vom Hersteller bezeichnete Spannungsobergrenze – bzw. die separat angegebene *maximale* **LED-Spannung** ($U_{Fmax.}$) – nicht überschritten werden. Das gilt auch für die **LED-Nennleistung** (P). Diese ergibt sich aus der **Durchlassspannung** (U_F) und dem maximalen Betriebsstrom (I_F) nach der Formel

P = U x I
U = LED-Durchlassspannung (U_F) in Volt*
I = LED-Betriebsstrom (I_F) in Ampere
P = LED-Nennleistung (P) in Watt
* In englischsprachigen Prospekten und manchen deutschsprachigen Datenblättern wird die Durchlassspannung nicht als U_F, sondern als V_F bezeichnet.

In einem Katalog werden bei den meisten preiswerten Standard-LEDs nur einige der wichtigsten Grunddaten nach dem Beispiel in Abb. 2.1 angegeben.

LED, 5 mm, diffus (Telefunken)

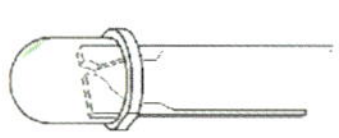

Für allgemeine Anwendung.
Technische Daten:
Gehäuse 5 mm · I_F : 10 bis 20 mA · U_F : 1,6 bis 3,2 V

Typ	Farbe	Lichtstärke I_V
TLHR 5400	Rot	1,6 mcd
TLHG 5400	Grün	2 mcd
TLHY 5400	Gelb	3 mcd

Abb. 2.1 – Bei preiswerteren LEDs werden in den Katalogen meist nur die wichtigsten technischen Daten angegeben: Wie das hier abgebildete Beispiel zeigt, handelt es sich dabei vor allem um den LED-Strom (I_F) und die LED-Spannung (U_F), manchmal (aber nicht immer) wird auch die Lichtstärke (I_V) angegeben.

2.1 Strapazierfähigkeit der LEDs

Recht strapazierfähig sind vor allem Standardleuchtdioden. Sehr empfindlich sind dagegen SMD-LEDs sowie auch einige der Hochleistungs-LEDs (High-Power-LEDs). Worauf Sie bei der Arbeit mit LEDs achten sollten:

- Wird eine LED an eine Gleichspannung falsch gepolt angeschlossen, leuchtet sie nicht. So lange die ihr zugeführte falsch gepolte Gleichspannung tatsächlich ausreichend niedrig ist, bleibt die LED intakt. Wird eine LED nach Abb. 2.2 über einen Vorwiderstand jedoch an eine zu hohe Versorgungsspannung falsch gepolt angeschlossen, fließt durch den Vorwiderstand kein Strom und daher entsteht an ihm auch kein Spannungsverlust. Dann erhält die LED die volle Versorgungsspannung, die trotz der falschen Polarität die Schwelle überschreiten kann, die sie in *nicht leitender* Richtung verkraftet. Welche max. Spannung eine LED in nicht leitender Richtung verkraftet, geht aus den meisten Datenblättern nicht hervor. Als einfache Faustregel gilt hier, dass eine falsch gepolte Spannung nicht höher als etwa das Fünffache der LED-Durchlassspannung (U_F) sein darf.
- Eine LED wird vernichtet, wenn durch sie ein höherer Strom (I_F) fließt, als in ihren technischen Daten angegeben wird. Dies ist vor allem bei Parallelbetrieb mehrerer LEDs zu berücksichtigen. Durch die Herstellungsstreuung kann bei gleicher Versorgungsspannung der Strom der angewendeten LEDs unterschiedlich hoch sein. Eine Vorselektion der LEDs nach Abb. 2.3 ist daher zu empfehlen. Dies trifft jedoch nicht auf preiswerte Standard-LEDs zu, die z. B. nur zu dekorativen Zwecken angewendet werden. Bei Ihnen wird der Strom (I_F) ohnehin tief unterhalb des offiziellen Nennwertes eingestellt.

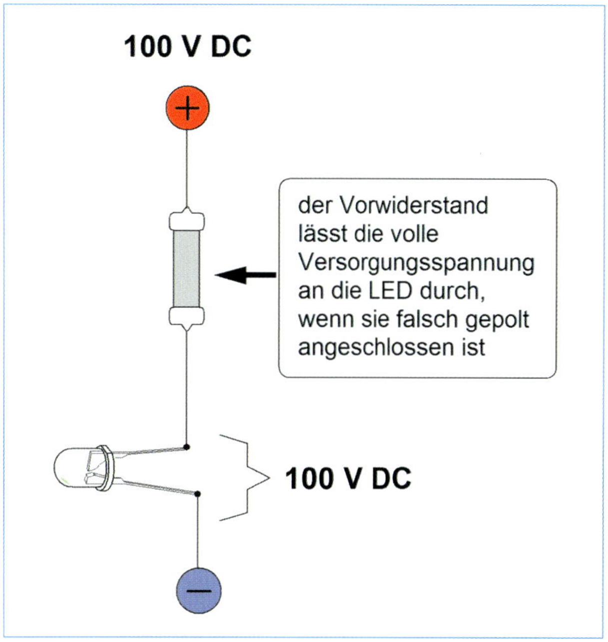

Abb. 2.2 – Vorsicht: Wird eine LED falsch gepolt an eine zu hohe Versorgungsspannung über einen Vorwiderstand angeschlossen, entsteht an ihm kein Spannungsverlust und die LED erhält an ihren Anschlüssen die volle Versorgungsspannung, die sie vernichten kann.

- Bei einer LED-Reihenschaltung fließt durch alle LEDs der gleiche Strom. So besteht keine Gefahr, dass sie überstrapaziert werden. Es gibt jedoch einen Haken: Die *Durchlassspannung* einzelner LEDs kann durch die Herstellungsstreuung unterschiedlich hoch sein (Abb. 2.4). Wenn sie bei einer der LEDs so hoch wird, dass dadurch die offizielle LED-Leistung (LED-Spannung × LED-Strom) überschritten wird, kann die LED vernichtet werden. Kritisch ist dies vor allem bei sehr kleinen SMD-LEDs, die nur über eine geringe Körpermasse verfügen. Dadurch entsteht in ihnen ein Wärmestau, der sie leicht ver-

2.1 Strapazierfähigkeit der LEDs

nichtet. Deshalb sollten, neben dem Strom, der durch die LEDs fließt, auch die Durchlassspannungen an einzelnen LEDs gemessen werden. Falls an einigen der LEDs eine zu hohe Durchlassspannung festgestellt wird, müssen sie ausselektiert und durch „passende" LEDs ersetzt werden.

- Bei LEDs, die in einer Reihenschaltung angeordnet sind, verteilt sich die Versorgungsspannung unter den einzelnen LEDs nur dann symmetrisch, wenn alle LEDs für die gleiche Spannung (U_F) und den gleichen Strom (I_F) ausgelegt sind. Bei herstellerseitig vorselektierten LEDs gleicher Type (und Farbe) verteilt sich die Versorgungsspannung ausgewogen (Abb. 2.4a bis c).
- Erhalten solche LEDs eine niedrigere Versorgungsspannung, als es der Summe ihrer einzelnen Durchlassspannungen (U_F) entspricht, verteilt sich diese Spannung ebenfalls proportional (nach Abb. 2.4d) auf die LEDs. Mit sinkender Spannung sinkt allerdings auch die LED-Leuchtkraft.
- Werden LEDs gleicher Type, aber unterschiedlicher Farbe – und demzufolge mit unterschiedlicher Durchlassspannung (U_F) – in Reihe geschaltet, verteilt sich die Versorgungsspannung konform zu den LED-Einzelspannungen nach Abb. 2.4e/f.
- Hochleistungs(High-power)-LEDs heizen sich in der Regel sehr auf und benötigen daher gut dimensionierte Kühlkörper (Abb. 2.6). Andernfalls sind ihre Überlebenschancen vor allem an heißen Sommertagen gering.
- SMD-LEDs dürfen beim Löten nicht zu sehr aufgeheizt werden, weil man sie dadurch vernichten kann. Halten Sie die Spitze des Lötkolbens nicht länger als ca. 2 Sekunden an die LED-Anschlüs-

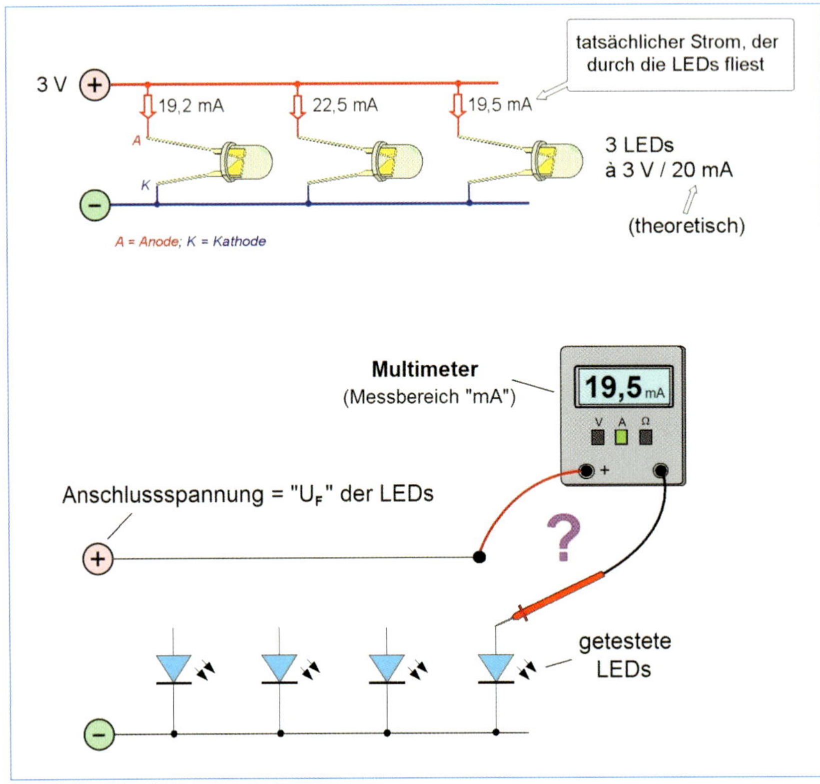

Abb. 2.3 – Auch LEDs der gleichen Type beziehen im Parallelbetrieb einen unterschiedlich hohen Strom, der die LEDs unter Umständen vernichten kann: Bevor mehrere LEDs miteinander parallel verschaltet werden, sollten sie daher auf einheitlichen Strom vorselektiert werden.

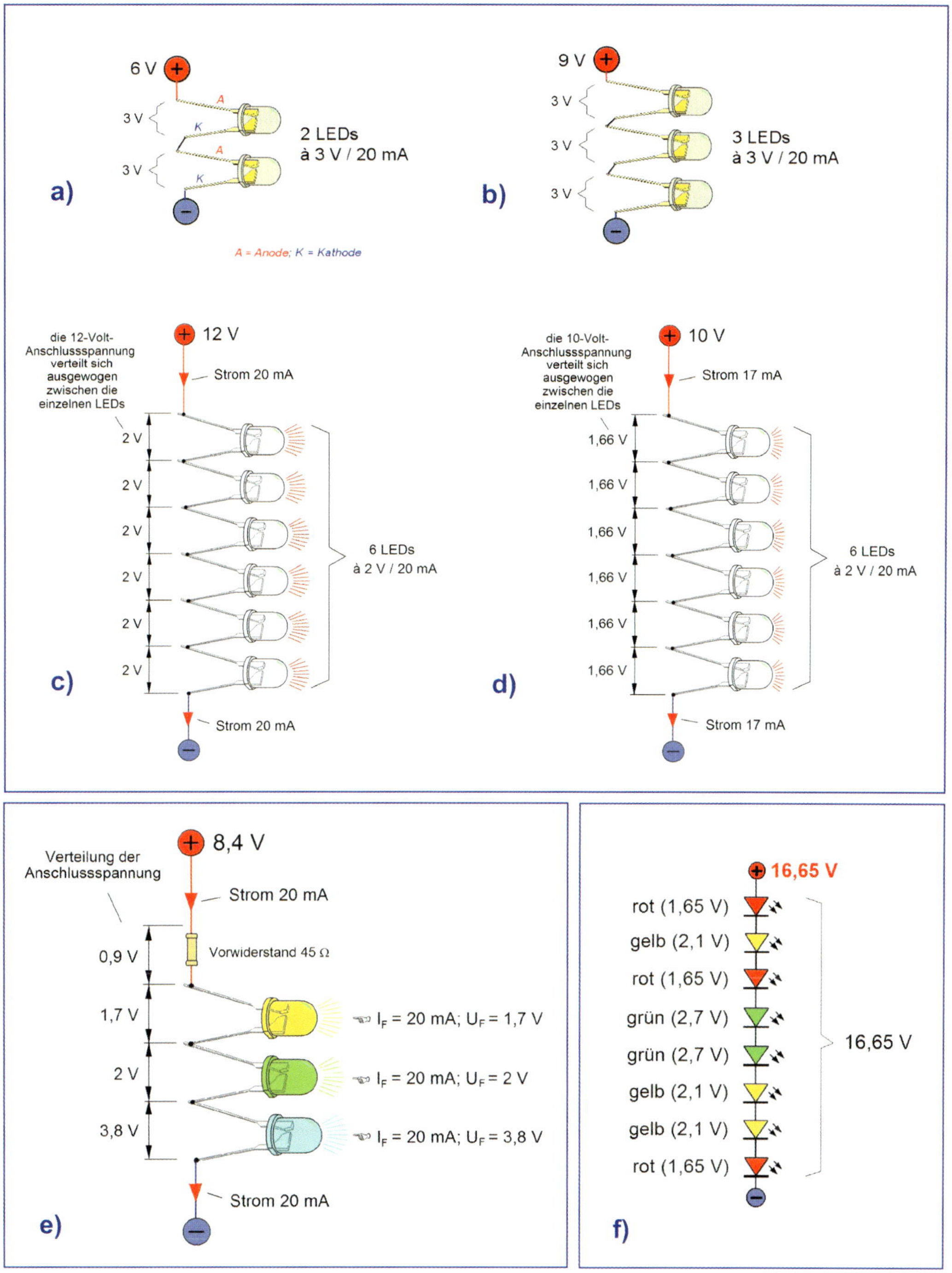

Abb. 2.4 – Bei vorselektierten LEDs in Reihenschaltung verteilt sich die Versorgungsspannung unter den LEDs konform zu ihren Durchlassspannungen (U_F). Die hier aufgeführten Spannungswerte zeigen eine idealisierte Einteilung. In der Praxis sind streuungsbedingte Abweichungen gegeben.

se. Wenn diese Zeitspanne nicht ausreicht, lassen Sie die LED erst abkühlen und wiederholen den Lötvorgang.

- LEDs mit Drahtanschlüssen (Füßchen) sind üblicherweise auch dann noch strapazierfähig, wenn ihre Füßchen bis auf ca. 1/3 gekürzt werden. Das Löten muss dann aber zügig erfolgen, damit sich die LED nicht zu sehr aufwärmt.
- Viele der handelsüblichen Multimeter weisen Messfehler von 3 bis 5 % auf. Wenn Sie Ihr Multimeter nicht mit einem präzisen Labormultimeter vergleichen können, achten Sie darauf, bei der Einstellung des optimalen LED-Stroms etwa 5% unterhalb des vom Hersteller angegebenen I_F zu bleiben. Höchste Vorsicht ist in dieser Hinsicht vor allem bei SMD-LEDs geboten: Sie können innerhalb weniger Sekunden zerstört sein. Dies ist zwar typenbezogen unterschiedlich, aber das Motto „Probieren geht über Studieren" kann bei teureren LEDs kostspielig werden.

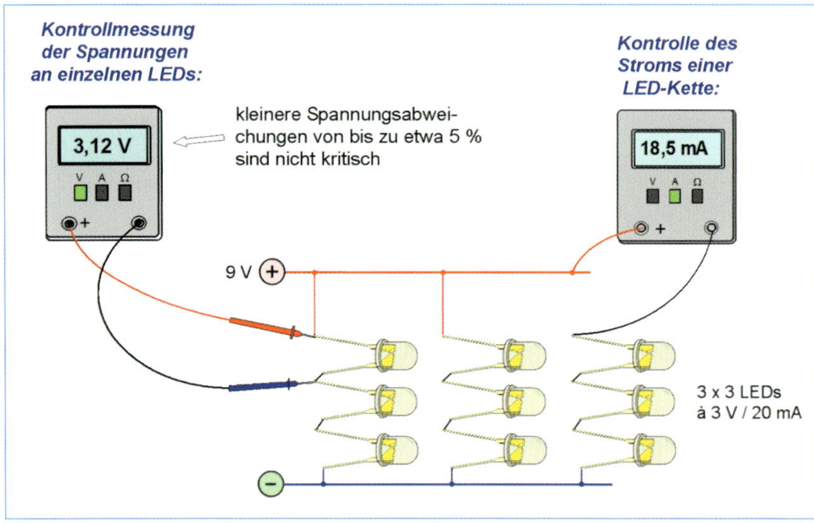

Abb. 2.5 – Durch alle Leuchtdioden, die in einer Reihe geschaltet sind, fließt zwar der gleiche Strom, aber die Durchlassspannung kann bei einigen der LEDs so hoch sein, dass sie infolge einer zu hohen Leistung (als $U_F \times I_F$) vernichtet werden.

Abb. 2.6 – Hochleistungs-LEDs benötigen ausreichend große Kühlkörper. (Quelle: Lumitronix)

2.1 Strapazierfähigkeit der LEDs

Werden mehrere LEDs mit abweichenden Durchlassspannungen z. B. seriell verschaltet, ergibt sich daraus auch bei einem gut eingestellten Strom $\mathbf{I_F}$ automatisch eine unterschiedliche thermische Belastung der einzelnen LEDs. Wird dabei die vom Hersteller angegebene max. LED-Nennleistung **P** bei einigen der LEDs in der Reihenschaltung überschritten, werden sich diese LEDs kräftiger aufheizen und bei einer zu geringen Kühlung einfach zerstört werden. Auf diese Eigenheit ist vor allem bei winzigen SMD-LEDs und bei Power-LEDs zu achten.

LEDs, die durch die Bauweise ihres Gehäuses oder durch einen zusätzlichen Kühlkörper die in ihnen entstehende Wärme an ihre Umgebung gut abgeben können, verkraften bis zu einer vernünftigen Grenze einen höheren Strom (als den $\mathbf{I_F}$), ohne zerstört zu werden. Ihre Lichtintensität erhöht sich dadurch, aber ihre Lebenserwartung sinkt (siehe hierzu die jeweilige Herstellergrafik mit typenbezogenen Hinweisen). Eine angemessene Erhöhung des LED-Stroms $\mathbf{I_F}$ sowie auch der LED-Spannung $\mathbf{U_F}$ ist oft bei blinkenden LEDs, bei LEDs, die im Impulsbetrieb arbeiten oder projektbezogen jeweils nur z. B. als Blitzlicht kurz aufleuchten, erlaubt. Derartige Lösungen kommen allerdings nur für Anwender in Frage, die über die erforderlichen Präzisions-Messgeräte verfügen und sich Experimente erlauben können, bei denen so manche LED zerstört wird.

Bemerkung

Der vom Hersteller angegebene LED-Strom $\mathbf{I_F}$ ist als optimaler Arbeitsstrom der LEDs zu betrachten, der nur ausnahmsweise bei LEDs überschritten werden darf, die über eine sehr gute Kühlung verfügen, nur blinken oder bei denen es der Hersteller erlaubt. Wie bei allen anderen Halbleitern ist auch für das bedrohliche Aufheizen einer LED nicht der Strom, der durch sie fließt, maßgebend, sondern die Leistung ($\mathbf{I_F} \times \mathbf{U_F}$), die sie in Wärme umwandeln und an die Umgebung abgeben muss. Die LED-Durchlassspannung $\mathbf{U_F}$ weist durch die Herstellungsstreuung auch bei LEDs derselben Type gewisse Unterschiede auf. Wie groß diese Unterschiede sind, hängt sowohl von der Herstellungstechnologie als auch von der jeweiligen Vorselektion der LEDs ab. Großabnehmer können z. B. bei ihrer Bestellung der LEDs selber bestimmen, wie präzise die ihnen gelieferten LEDs vorselektiert werden müssen und bei welchen Parametern der LEDs die Streuungsgrenzen einen vorgegebenen Rahmen nicht überschreiten dürfen. Diese Vorgabe der Streuungsgrenzen wird üblicherweise bei allen Halbleitern praktiziert. Je größer die Anforderungen sind, die der Abnehmer an die Ausgewogenheit der Parameter stellt, desto höher sind allerdings die Preise. Der Ausschuss wird dann an Kunden geliefert, die nur an niedrigen Einkaufspreisen interessiert sind.

2.2 Abstrahlwinkel und Lichtstärke

Im Gegensatz zu den meisten herkömmlichen Lampen ist es bei den LEDs mit einem Vergleich der Lichtintensität nicht so einfach, wie wir es von unseren Glühlampen kennen. Bei Letzteren hat uns die Angabe der Leistungsabnahme in Watt genügt, um beurteilen zu können, ob die Glühlampe für die Schreibtischlampe oder für die Deckenleuchte im Bad geeignet ist. Bei den LEDs – vor allem bei den superhellen LEDs – müssen jeweils zwei wichtige Parameter verglichen werden: Leuchtkraft und Abstrahlwinkel.

Von Vorteil ist es, wenn der Hersteller einer LED-Leuchte oder eines LED-Leuchtmittels die Lichtleistung in der Form von *Lichtstrom* in *Lumen* (lm) angibt. Das ermöglicht einen leichteren Vergleich ihrer tatsächlichen Beleuchtungsintensität mit der einer herkömmlichen Glühlampe.

Der in Lumen (lm) angegebene Lichtstrom (ϕ) bezieht sich – vereinfacht formuliert – auf die Summe des gesamten Lichtstroms (der gesamten Lichtleistung), der von einer Lampe in die Umgebung ausgestrahlt wird. Die in Candela (cd) oder Millicandela (mcd) angegebene Lichtstärke (I_V) bezieht sich hingegen nur auf die Ausleuchtung einer begrenzten Fläche (eines Raumwinkels) und berücksichtigt dabei nicht die gesamte Lichtleistung als solche. Aus diesem Grund hängt bei den LEDs die Lichtstärke immer mit dem *Abstrahlwinkel* (in Grad) zusammen. Diese zwei Parameter werden jeweils auch unter den technischen Daten der Leuchtdioden angegeben. Abb. 2.7 verdeutlicht, dass von dem Abstrahlwinkel (von der Breite des Lichtkegels) die Ausleuchtung einer Fläche abhängt. Bei manchen LEDs werden sowohl die auf den Abstrahlwinkel bezogene Lichtstärke (in Candela) als auch der Lichtstrom (in Lumen) angegeben. Ein Beispiel zeigt Tabelle 2.2. Hier

Lichtstärke I_V	Abstrahlwinkel	Spannung U_F	Strom I_F
1600 mcd	20 °	3,6 V	30 mA
1100 mcd	20 °	3,1 V	20 mA
3000 mcd	50 °	3,1 V	20 mA
7000 mcd	20 °	3,1 V	20 mA
120 mcd	120 °	3,1 V	20 mA
12000 mcd *	20 °	3,4 V	20 mA
14000 mcd	75 °	3,5 V	100 mA

* warm-weiß

Tabelle 2.1 – Die Lichtstärke hängt auch bei Leuchtdioden gleicher Type und Größe von ihrem Abstrahlwinkel ab und darf bei der Anschaffung neuer LEDs nicht außer Acht gelassen werden.

10 W High-Power LED Ledium

TT electronics *OPTEC Technology*

Abstrahlwinkel: 120° *Ausführung: KLAR*

Farbe	Typ	Lichtstärke I_V	Lichtstrom Φ
Weiß	OVTL 09LG3WC	70 cd	250 lm
Warm-Weiß	OVTL 09LG3WW	68 cd	221 lm
Blau	OVTL 09LG3B	19 cd	60 lm
Rot	OVTL 09LG3R	75 cd	247 lm
Grün	OVTL 09LG3G	100 cd	290 lm
Amber	OVTL 09LG3A	67 cd	330 lm

Tabelle 2.2 – Die Lichtstärke (I_V) und der Lichtstrom (ϕ) hängen zwar zusammen, stehen zueinander aber nicht in einheitlich nachvollziehbarem Verhältnis.

kann sich dann der Anwender anhand eines Vergleichs mit dem Lichtstrom einer Glühlampe leichter vorstellen, was er von der angebotenen LED-Lichtquelle ungefähr erwarten dürfte.

Auf den Abstrahlwinkel sollte daher bei der Suche nach einer passenden Leuchtdiode immer geachtet werden. Soll z. B. ein bestimmtes Objekt mit einer oder mehreren LEDs beleuchtet werden, kann mithilfe einer einfachen, maßgerechten Skizze der optimale Abstand zwischen der LED und dem Objekt in Bezug auf den Abstrahlwinkel ermittelt werden. Werden für eine Raumbeleuchtung LEDs mit einem zu kleinen Abstrahlwinkel (Abb. 2.8a) angewendet, bleiben die Raumwände im Schatten. Ein grö-

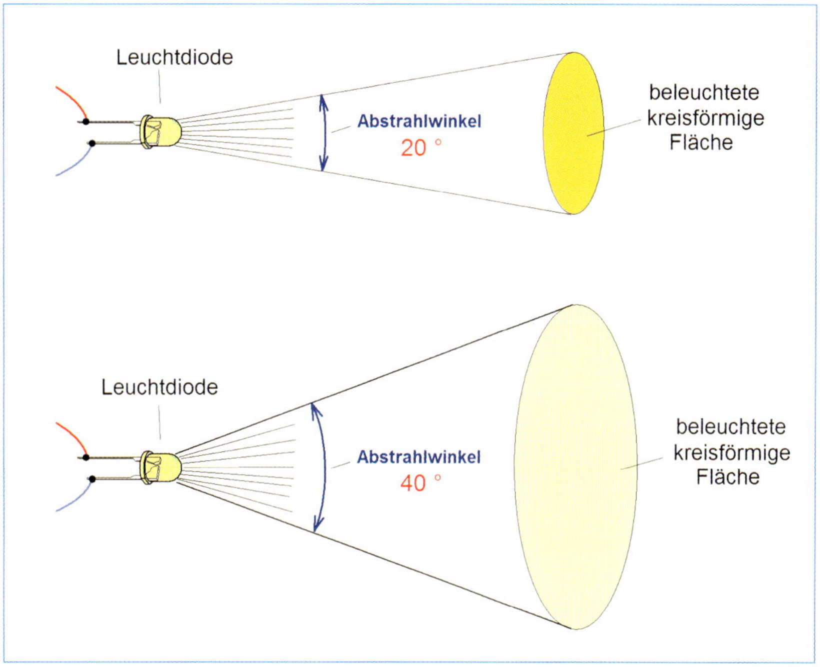

Abb. 2.7 – Je kleiner der Abstrahlwinkel einer Leuchtdiode ist, desto kräftiger ist die Fläche des Lichtkegelkreises ausgeleuchtet.

2.2 Abstrahlwinkel und Lichtstärke

ßerer Abstrahlwinkel (Abb. 2.8b), sowie auch eine entsprechende Ausrichtung der LED-Lichtkegel gegen die Wände kann dieses Problem beheben.

Bei Leuchtdioden, die als kahle Bausteine in Katalogen angeboten werden, wird die Lichtintensität in der Form von *Lichtstrom* (ϕ) meist nur bei Hochleistungs-LEDs angegeben. Bei kleineren LEDs wird die *Lichtstärke* (I_V) angegeben. Diese zwei technischen Daten sollten nicht miteinander verwechselt werden.

Da sich die in Prospekten und Katalogen angegebene *Lichtstärke* bei einer LED nur auf den Winkel bezieht, in dem eine begrenzte Fläche beleuchtet wird, hängt sie von dem jeweiligen *Abstrahlwinkel* ab (der alternativ auch als Öffnungs- oder Beobachtungswinkel bezeichnet wird). Bei der Suche nach einer passenden LED hängt die Frage des optimalen Abstrahlwinkels davon ab, wie dieser als ein Beobachtungswinkel oder als der Winkel eines Beleuchtungslichtkegels seine Aufgabe zu erfüllen hat.

Leuchtdioden, die als optische Anzeigen, Blickfänger, leuchtende Ornamente oder Figuren nur für den Beobachter gut sichtbar sein sollen, müssen einen Abstrahlwinkel haben, der dem vorgesehenen Beobachtungswinkel gerecht wird.

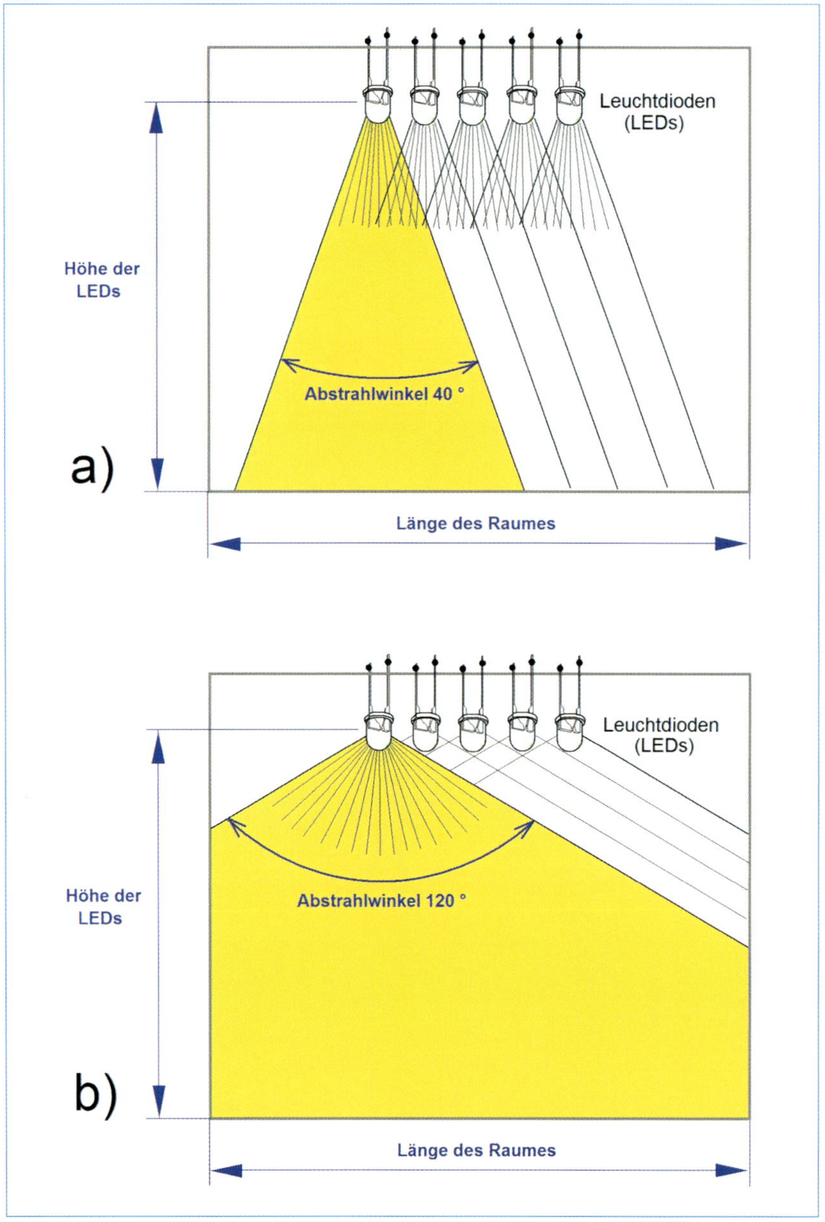

Abb. 2.8 – Bei einer Raumbeleuchtung mit LEDs, deren Abstrahlwinkel zu klein ist, kann es vorkommen, dass die Raumwände zu wenig beleuchtet werden.

2.2 Abstrahlwinkel und Lichtstärke

Vorsicht

LEDs mit hoher Leuchtkraft erzeugen, im Vergleich zu herkömmlichen Standard-LEDs oder Glühlampen, ein sehr intensives Licht. Es wird daher davor gewarnt, direkt in die LED zu sehen, da die Netzhaut beschädigt werden könnte. Diese Gefahr sollte man auch bei kompakten LED-Leuchtmitteln, in denen superhelle LEDs angewendet werden, berücksichtigen. Wenn Kinder oder Haustiere in eine solche Lichtquelle schauen könnten, sollte lieber eine ungefährlichere Lichtquelle (z. B. eine größere Fläche weniger lichtstarker LEDs) bevorzugt werden.

Auch bei kleinen superhellen LEDs besteht eine erhöhte Gefahr der Netzhautbeschädigung, wenn das Auge direkt in den Strahl einer LED blickt, deren Abstrahlwinkel klein ist. Das gebündelte Licht ist auch hier sehr kräftig. Wenn solche LEDs zur Beleuchtung eines Objekts oder einer Fläche vorgesehen sind, sollte es so angebracht werden, dass Kinder oder Haustiere unter keinen Umständen axial in den Strahl blicken können.

Der maximale Abstrahlwinkel der handelsüblichen LEDs beträgt 180°. Ein möglichst großer Abstrahlwinkel ist vor allem bei LEDs erwünscht, die als Hintergrundbeleuchtung verwendet werden.

Ein LED-Abstrahlwinkel ab ca. 120° aufwärts eignet sich gut für die Hintergrundbeleuchtung von z. B. LED-Hausnummern, Namensschildern oder Werbetafeln. Ein Abstrahlwinkel von 90° bis ca. 100° entspricht dem Beobachtungswinkel, aus dem ein Mensch einen Text gut lesen kann. Für Lichteffekte, dekorative Figuren, Warnanzeigen und Warnlichter hängt die Breite des tatsächlichen Beobachtungswinkels von der Breite des vorgesehenen Beobachtungs- oder Wahrnehmungsstandorts ab.

Bei Leuchtdioden, die als Strahler oder Scheinwerfer eingesetzt werden, kommt es bei der Wahl des optimalen Abstrahlwinkels auf die Größe der auszuleuchtenden Fläche an. Manche der superhellen LEDs sind herstellerseitig mit einer speziellen Optik (z. B. mit integrierten Linsen) versehen, die sich auf die Qualität der Lichtverteilung auswirkt. Mithilfe einer solchen Optik kann die Qualität der Ausleuchtung erhöht oder ein schmaler Lichtstrahl erzielt werden.

Wird eine leistungsstarke Leuchtdiode für die Belichtung eines Objekts oder einer Fläche benötigt, hängt es von ihrer Ausführung (Type) ab, inwieweit ihre *Ausstrahlungscharakteristik* den vorgesehenen Ansprüchen gerecht werden kann. Darunter ist Folgendes zu verstehen:

- Der *Abstrahlwinkel* beschreibt bei vielen Leuchtdioden nur einen Richtwert. Sofern die Leuchtdiode über keine zusätzliche (interne oder externe) Optik verfügt, kann – technisch bedingt – der Abstrahlwinkel rund um die LED erhebliche Unterschiede aufweisen.
- Auf der vom Abstrahlwinkel abhängigen beleuchteten Fläche ist nur bei Leuchtdioden mit einer spezielleren Optik die Lichtverteilung ausgewogen.

2.2 Abstrahlwinkel und Lichtstärke

Werden zu diesem Zweck Leuchtdioden verwendet, die mit einer Optik für ausgewogene Lichtverteilung versehen sind, könnte das Licht an Stellen, an denen sich mehrere Lichtkreise überdecken, störend stark sein. Leuchtdioden ohne Optik eignen sich für derartige Vorhaben oft besser, da ihre Lichtintensität am Rand des Lichtkegels meist etwas schwächer ist. Damit wären die von mehreren Lichtkreisen belichteten Flächen nicht überproportional kräftig ausgeleuchtet. Hier muss man ausprobieren, denn „projektbezogen nützliche" herstellerabhängige Unterschiede sind meistens nicht aus den technischen Daten ersichtlich.

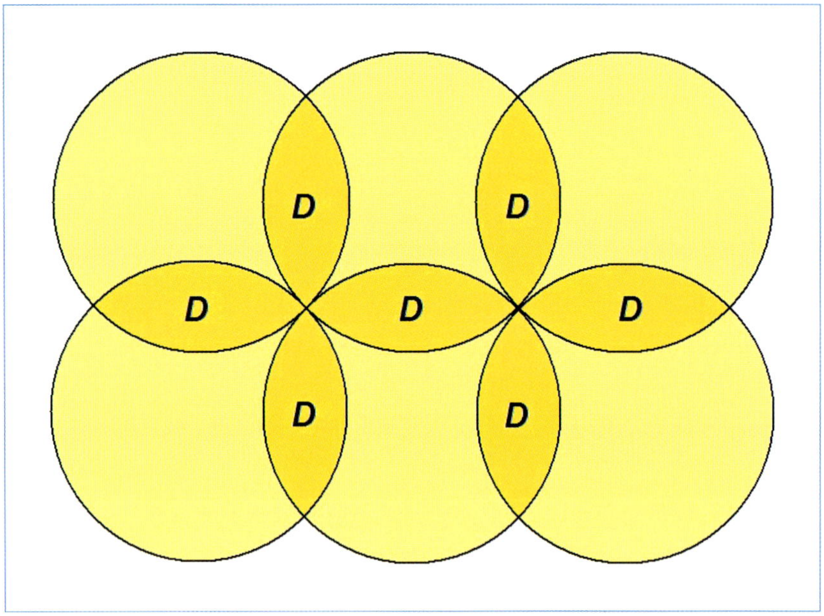

Abb. 2.9 – Wenn sich mehrere LEDs die Beleuchtung bzw. Hintergrundbeleuchtung einer größeren Fläche teilen, sollten die einzelnen Lichtkegel so ausgerichtet werden, dass die doppelt beleuchteten Teilflächen „D", die sich überschneiden, nicht allzu störend auffallen.

2.3 Farbe und Wellenlänge des Lichts

Die handelsüblichen LED-Grundfarben sind Rot, Gelb, Grün, Orange, Blau und Weiß. Bei einigen der moderneren superhellen Power-LEDs werden die Farbnuancen noch „super deep red", „hyper red", „sunset orange", „royal blue" oder „cyan" genannt.

Bei den herkömmlichen Standard-LEDs gibt es den Unterschied zwischen *klar* und *diffus*. Bei klaren LEDs ist das Gehäuse durchsichtig, bei diffusen ist es farbig oder milchig (was sich auf die Lichtstärke meist dämmend auswirkt). In den technischen Daten einiger LEDs wird oft auch die farbenbezogene *dominierende* Wellenlänge (in nm) aufgeführt.

Sowohl für das Experimentieren als auch für praxisorientierte Anwendungen ist es gut zu wissen, dass das menschliche Auge die Lichtstärke der Farben subjektiv farbenbezogen unterschiedlich wahrnimmt. Am empfindlichsten sind unsere Augen für die Farben Gelb und Grün. Alle anderen Farben (andere Wellenlängen) nehmen unsere Augen als weniger intensiv wahr. Bei der Wahl der LED-Farbe(n) für einen Blickfänger sollte daher auch die *spektrale Empfindlichkeit* des menschlichen Auges mitberücksichtigt werden.

Was man sich darunter vorstellen darf, zeigt Abb. 2.10. Interessant ist, dass blaue Farbe bzw. blaues Licht sehr schwach wahrgenommen wird. Auch tiefrotes Licht (mit einer Wellenlänge von 639 nm) muss wesentlich kräftiger strahlen als gelbes Licht, wenn unsere Augen beide Lichtfarben als ausgewogen intensiv wahrnehmen sollen.

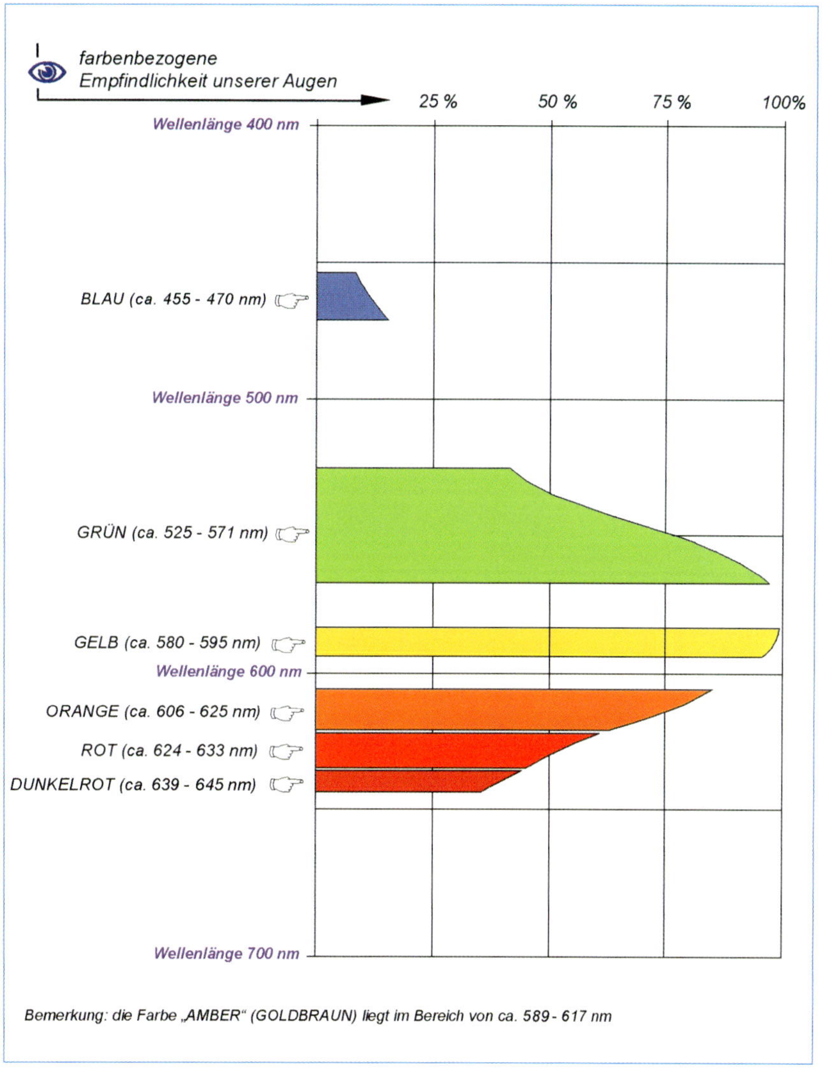

Abb. 2.10 – CIE-Empfindlichkeitskurve mit Einteilung der Grundfarben

2.3 Farbe und Wellenlänge des Lichts

Die in Abb. 2.10 angegebenen Wellenlängen definieren nicht die Grenzen der physikalischen Bereiche, sondern beziehen sich auf die *dominierenden* Wellenlängen der gängigen farbigen Leuchtdioden.

Weißes Licht beinhaltet das volle Farbspektrum – also eine Kombination aller Farben. Daher kann bei einer weißen LED keine Wellenlänge angegeben werden. Allerdings weisen auch weiße Farbtöne Unterschiede in ihren Farbtönen auf, die hinsichtlich des Anwendungsbereichs berücksichtigt werden sollten. Wie aus Tabelle 2.3 hervorgeht, hängen die Farbtöne des weißen Lichts mit ihrer *typischen Farbtemperatur* zusammen, die in *Kelvin* (K) gemessen wird. Je höher dieser Wert ist, desto greller ist das Licht einer weißen Leuchtdiode. Das natürliche Sonnenlicht hat eine Farbtemperatur von 6.000 K. Farbtemperaturen über 6.000 K erscheinen als bläulich.

Farbtemperatur in Kelvin:	Bevorzugte Anwendungsbereiche:
2600 K	Intime Raumbeleuchtung - dieses Licht hat ein warmes, leicht orangenfarbiges Spektrum, das den Raum jedoch etwas schwächer ausleuchtet.
3300 K	Wohnraumbeleuchtung - dieses Licht hat eine freundliche Farbe, die der Beleuchtung mit herkömmlichen Glühlampen am nähesten kommt.
4500 K	Büro- oder Heimarbeitsplatz-Beleuchtung - dieses Licht hat ein etwas helleres Farbspektrum als Glühlampen-Licht (und beleuchtet stärker).
6300 K	Vitrinenbeleuchtung, Arbeitsplatzbeleuchtung, Hintergrund- und Spotbeleuchtung - dieses Licht hat ein sonnenlichtähnliches Spektrum.

Tabelle 2.3 – Die „typische Farbtemperatur", die in den technischen Daten von weißen LEDs angegeben wird, sollte hinsichtlich des Anwendungsbereichs abgestimmt werden.

3 Leuchtdioden als Bausteine

Das Angebot an handelsüblichen Leuchtdioden ist sehr groß. Welche der Leuchtdioden für Ihr Vorhaben am besten geeignet ist, können Sie anhand des folgenden Kapitels entscheiden. Es werden beschrieben:

a) Standardleuchtdioden
b) Low-Current-Leuchtdioden
c) Superhelle und ultrahelle Leuchtdioden
d) Hochleistungs(High-Power)-Leuchtdioden
e) Blinkende Leuchtdioden
f) Zweifarbige Leuchtdioden (Duo-LEDs)
g) Mehrfarbige Leuchtdioden und Effekt-RGB-LEDs
h) SMD- und Chip-LEDs
i) Spezielle LEDs (LED-Streifen, LED-Panels)
j) Infrarotdioden (IR-Dioden)

3.1 Standard-LEDs

Standardleuchtdioden sind preiswert und werden in verschiedenen Formen, Farben und Größen angeboten. Das Kunststoffgehäuse ist bei diesen LEDs je nach Typ entweder durchsichtig (klar) oder matt (diffus). Standardleuchtdioden gehören zu der ältesten Gattung der LEDs und wurden ursprünglich vor allem als Signalleuchten entwickelt. Als solche werden sie noch immer gerne verwendet, denn ihre Lichtstärke liegt (größenbezogen) meist nur zwischen ca. 1,6 und 20 mcd.

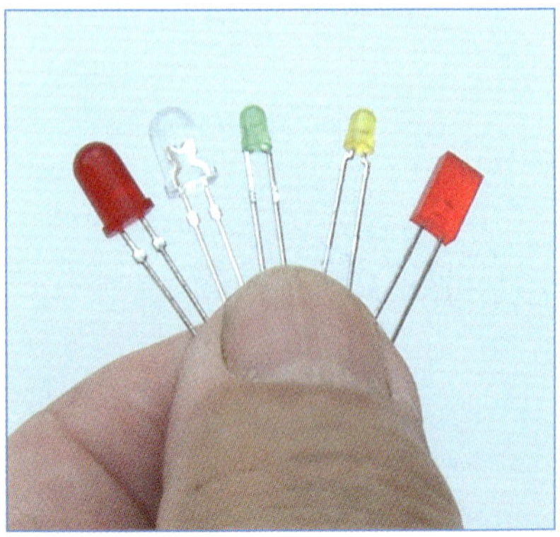

Standardleuchtdioden eignen sich aber auch für dekorative Blickfänger, Mosaiken, Lichtketten oder angeordnet zu Ziffern (LED-Hausnummern). Man kann sie für kurze, leuchtende Texte, wegweisende Pfeile oder als Hintergrundbeleuchtung verwenden. Ihre Lichtstärke ist begrenzt, daher sind sie nur für eine Stimmungsbeleuchtung geeignet, z. B. nach Abb. 3.1 in Form von leuchtenden Decken- oder Wandmosaiken (z. B. in einer Kellerbar). Die große Menge der LEDs stellt dann eine ausreichend starke Lichtquelle dar. Der Stromverbrauch (I_F) liegt bei diesen Dioden meist bei 20, gelegentlich auch bei 15 mA.

Die preiswertesten Standard-LEDs sind in den Farben Rot, Grün und Gelb und mitunter auch in Orange erhältlich. Sie haben eine runde Form, einen Durchmesser von ca. 1,9 bis 8 mm und ein klares oder diffuses (undurchsichtiges) Kunststoffgehäuse. Es gibt aber auch elliptische, viereckige, rechteckige und dreieckige LEDs, oder solche, die blau und weiß leuchten.

Die meisten Standard-LEDs benötigen eine Betriebsspannung von etwa 1,6 bis 2,7 V und einen Strom von 20 mA (0,02 A). Einige der Standard-LEDs sind für einen Strom von 15 mA (0,015 A) ausgelegt. Diese LEDs eignen sich nicht für

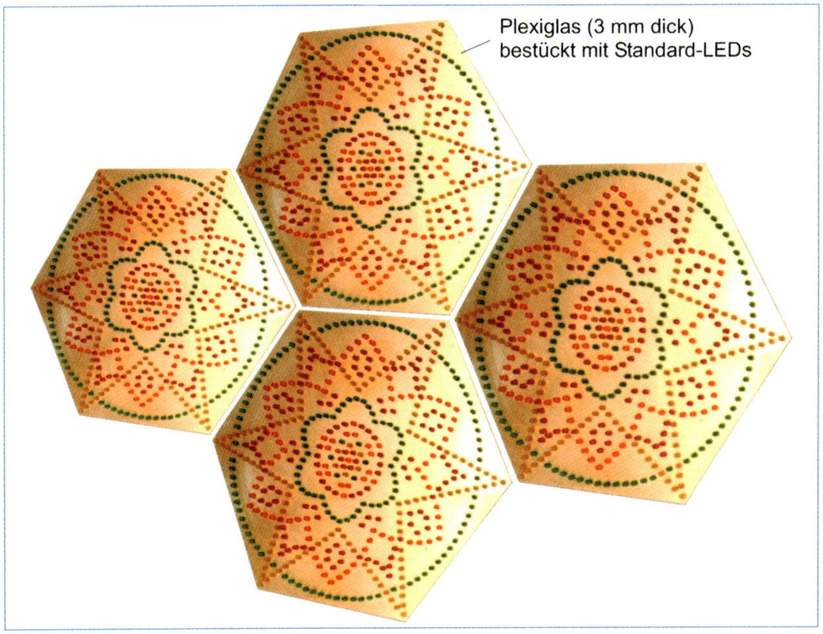

Abb. 3.1 – Ausführungsbeispiel eines Mosaiks, das mit Standard-LEDs erstellt wurde. Die einzelnen Sektionen werden elektronisch so gesteuert, dass sie kaleidoskopisch fließend aufleuchten und dabei verschiedenste Formen bilden. Verwendbar ist ein solches Kunstwerk z. B. als Deckenbeleuchtung oder als dekorative, großflächige Wandleuchte.

eine rein funktionelle Raumbeleuchtung, da ihre Lichtstärke gering ist. Durch die Summe der LEDs (z. B. bei Mosaiken) kann die Lichtintensität jedoch recht stark sein. Standard-LEDs können auch für einfachere Ornamente oder dekorative Beleuchtung (Weihnachts- oder Partybeleuchtung) verwendet werden. Zudem eignen sich die preiswerten Standard-LEDs hervorragend für erste Experimente, denn wenn dabei einige vernichtet werden, lässt es sich finanziell leicht verkraften.

Der in den technischen Daten der LEDs angegebene Strom (I_F) ist als ein maximaler LED-Strom zu betrachten, der nicht überschritten werden darf. Für gängige LED-Anwendungen lohnt es sich nicht, zu diesem Zweck einen aufwendigen elektronischen Stromregler zu verwenden. Der LED-Strom kann einfach durch die optimale Einstellung der Versorgungsspannung bestimmt werden. Dazu muss ermittelt werden, welche Versorgungsspannung eine LED benötigt, um den vorgesehenen Strom (I_F) zu beziehen, ohne ihn zu überschreiten. Dies kann bei einer neuen LED-Type z. B. auf eine der in Abb. 3.2 bis 3.5 dargestellten Weise in Erfahrung gebracht werden.

Am einfachsten geht es mithilfe eines Netzgeräts (Abb. 3.2), dessen Ausgangsgleichspannung gleitend eingestellt werden kann. Man erhöht dabei die Spannung (von Null ausgehend) für die LED so lange, bis der Amperemeter einen Strom anzeigt, der etwa 5 % unterhalb des offiziellen LED-Stroms (I_F) liegt. Handelt es sich bei der kontrollierten LED z. B. um einen 20-mA-Typ, stellt man den LED-Strom auf ca. 19 mA ein. Das genügt, denn die einfacheren Multimeter weisen einen Messfehler von bis zu 5 % auf. Somit ist nicht auszuschließen, dass der Multimeter zwar nur etwa 19 mA anzeigt, aber der tatsächliche LED-Strom 20 mA beträgt.

Da das Voltmeter an dem Netzgerät gleichzeitig die optimale Versorgungsspannung anzeigt, die erforderlich ist, damit die LED den vorgesehenen Strom bezieht, ist auf diese Weise die Ermittlung vollendet. Zumindest für diese eine LED.

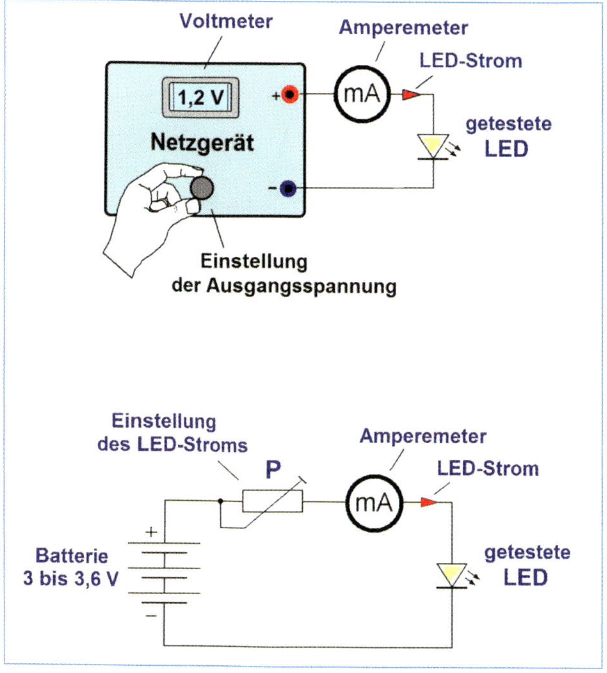

Abb. 3.2 – Am einfachsten kann der optimale LED-Strom mithilfe eines Netzgeräts eingestellt werden, dessen Ausgangsspannung regelbar ist, aber mit einer Batterie und einem Einstellregler geht es genau so gut.

Wer nicht über ein so komfortables Netzgerät verfügt, kann es bei Bedarf mithilfe eines einstellbaren Spannungsreglers nach dem Beispiel aus Abb. 3.3 im Selbstbau herstellen. Die Sekundärspannung des verwendeten Transformators darf z. B. auch bis zu etwa 25 Volt betragen, aber in dem Fall müssen die elektrolytischen Kondensatoren (Elkos) C1 und C3 für eine Spannung von ca. 25 Volt ausgelegt sein. Der eigentliche Messvorgang unterscheidet sich nicht von der

3.1 Standard-LEDs

werden (Abb. 3.6 a bis c). Bei einigermaßen vorselektierten LEDs verteilt sich die Versorgungsspannung zwischen den einzelnen LEDs genügend ausgewogen – dies auch dann (siehe Abb. 3.6d), wenn die Versorgungsspannung niedriger ist, als es der Summe der einzelnen LED-Spannungen (U_F) entsprechen würde.

LEDs unterschiedlicher Farbe haben jedoch auch bei der gleichen Type meist unterschiedliche Durchlassspannungen, die sich dann bei LEDs mit dem gleichen Strom (I_F) entsprechend unter die einzelnen LEDs einer LED-Reihe nach Abb. 3.6 verteilen. Wichtig ist jedoch, dass bei derartigen LED-Ketten LEDs verwendet werden, die für den gleichen Strom (I_F) ausgelegt sind. Die Durchlassspannungen einzelner LEDs können nach dem Prinzip aus Abb. 3.4 ermittelt werden.

Handelsübliche Konstantstromquellen-Geräte (Konverter) regeln den LED-Strom automatisch auf einen typenbezogenen Wert und eignen sich für den Betrieb von z. B. mehreren LEDs in Reihe. Das preiswerte Kleingerät aus Abb. 3.5 ist für einen konstanten Ausgangsstrom von 20 mA, für eine minimale Eingangsspannung von 7 V DC oder 6 V AC und eine max. Eingangsspannung von 37 V DC oder 26 V AC ausgelegt.

Nach dem Prinzip aus Abb. 3.4 soll die optimale Versorgungsspannung für eine Standard-LED ermittelt werden, die laut ihrer technischen Daten für eine Betriebsspannung (U_F) von 1,6 bis 2 V und einen Strom (I_F) von 20 mA (= 0,02 A) ausgelegt ist.

Die Batteriespannung beträgt 3 V, die LED verkraftet theoretisch höchstens 2 V. Daher müsste der Einstellpotenziometer als „Vorwiderstand" eine Spannung von ca. 1 bis 1,4 V abfangen können. Der ohmsche Wert eines solchen Vorwiderstands wird mithilfe des ohmschen Gesetzes ausgerechnet:

Widerstand in Ohm [Ω] = Spannung [V] / Strom [A]

Als *Spannung* setzt man in diese Formel den Teil der Spannung, die der Vorwiderstand bzw. der Einstellpotenziometer abfangen muss. Das sind in diesem Fall 1,4 V. Als *Strom* wird in die Formel der LED-Strom von 0,02 A eingesetzt. (In solche Formeln müssen die Werte immer als Ohm, Volt oder Ampere, und nicht als kΩ, mV oder mA, eingesetzt werden. Nur dann erhält man die Ergebnisse auch in Ohm, Volt oder Ampere.)

Die Formel lautet nun also: 1,4 (V) / 0,02 (A) = 70 (Ω)

Einen Einstellpotenziometer (Einstellregler) mit diesem ohmschen Wert gibt es nicht, wohl aber in der Ausführung von 100 oder 220 Ω. Das genügt, um die Einstellung ausreichend genau vornehmen zu können.

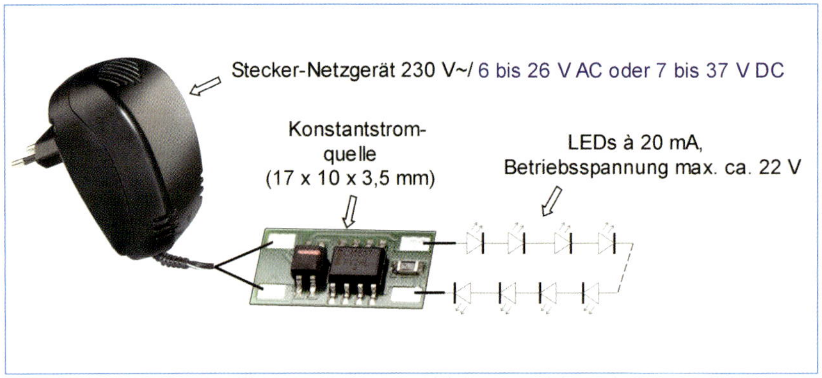

Abb. 3.5 – An eine *Konstantstromquelle,* die ausgangsseitig einen Konstantstrom von 20 mA liefert, können über einen Transformator mehrere 20-mA-LEDs in Reihe angeschlossen werden. (Quelle: Lumitronix)

3.2 Low-Current-LEDs

Low-Current-LEDs unterscheiden sich von Standard-LEDs nur dadurch, dass sie einen sehr geringen Stromverbauch (I_F) von nur 2 bis 4 mA haben, aber dennoch eine eindrucksvolle Lichtstärke aufweisen. Der Stromverbrauch beträgt bei den meisten Low-Current-LEDs nur 2 mA (= 0,002 A). Manchmal wird ausnahms-

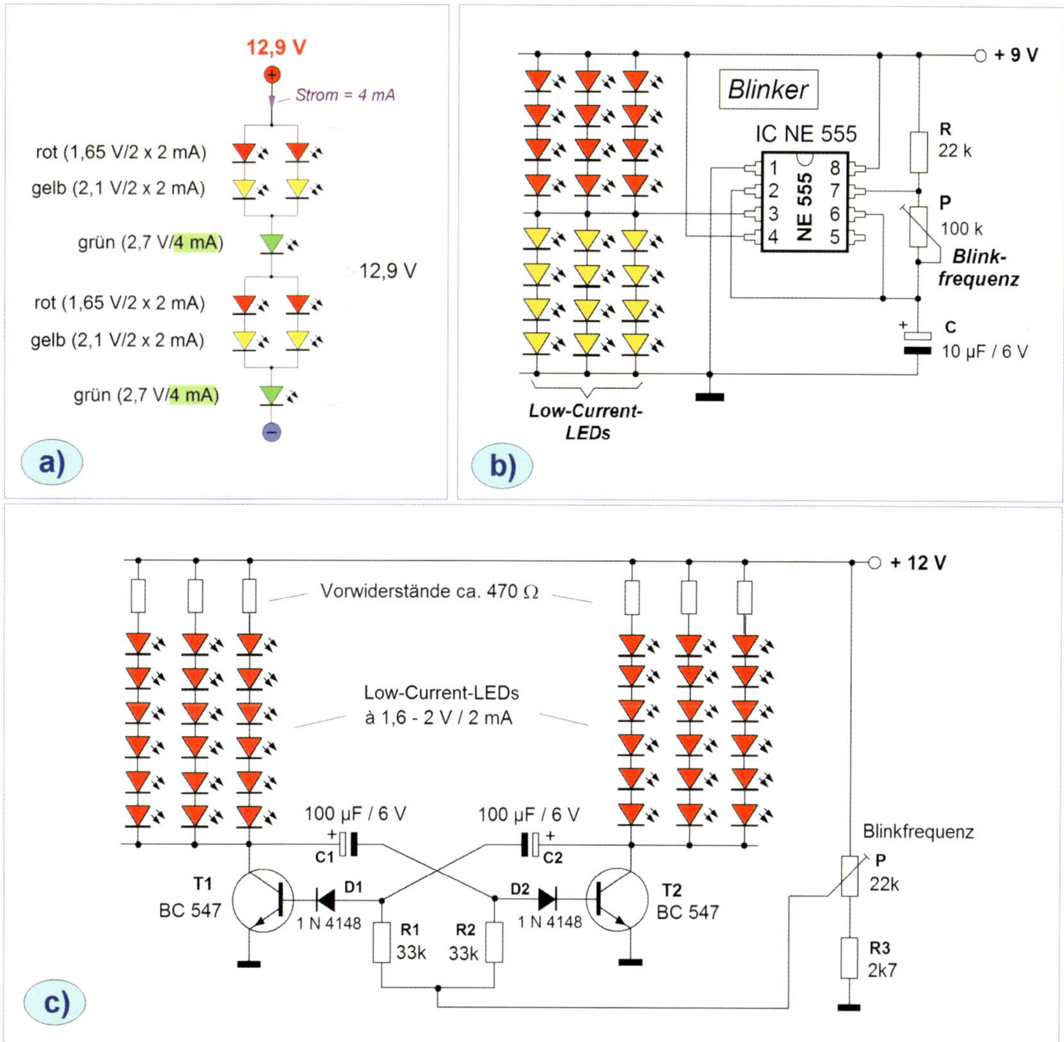

Abb. 3.6 – a) Beispiel einer seriell-parallelen Verschaltung von 2-mA und 4-mA-LEDs; b) Schaltung eines Blinkers mit dem IC NE 555 und Low-Current-LEDs; c) Schaltung eines Blinkers (Multivibrators) mit NPN-Transistoren und Low-Current-LEDs (zu diesem Zweck können praktisch beliebige Transistoren angewendet werden)

3.2 Low-Current-LEDs

weise bei grünen Low-Current-LEDs der I_F mit 4 mA angegeben. Solche Abweichler können dann nicht mit anderen (roten und gelben) 2-mA-LEDs in Reihe geschaltet werden, denn sie würden zu schwach leuchten. Sie können jedoch seriell-parallel nach dem Prinzip aus Abb. 3.6 mit anderen Low-Current-LEDs verschaltet werden.

Low-Current-LEDs eignen sich bevorzugt für Anwendungen, bei denen ein geringerer Stromverbrauch wichtiger ist als eine kräftigere Lichtstärke.

Als ein Anwendungsbeispiel kann eine aus 2-V-/4-mA-Low-Current-LEDs erstellte Hausnummer (Kap. 5, Abb. 5.7) dienen, die für eine Versorgungsspannung von 6 Volt ausgelegt ist. Nach diesem Beispiel können auch Zahlen für eine Jubiläums- oder Geburtstagsparty, für dekorative Weihnachtssterne oder LED-Skulpturen und andere dekorative LED-Elemente erstellt werden. Bei solchen Projekten ist es nicht immer notwendig, dass die LEDs mit ihrer maximalen Intensität strahlen. Ihre Versorgungsspannung muss daher nicht so eingestellt werden, dass die LEDs ihren vollen Strom beziehen.

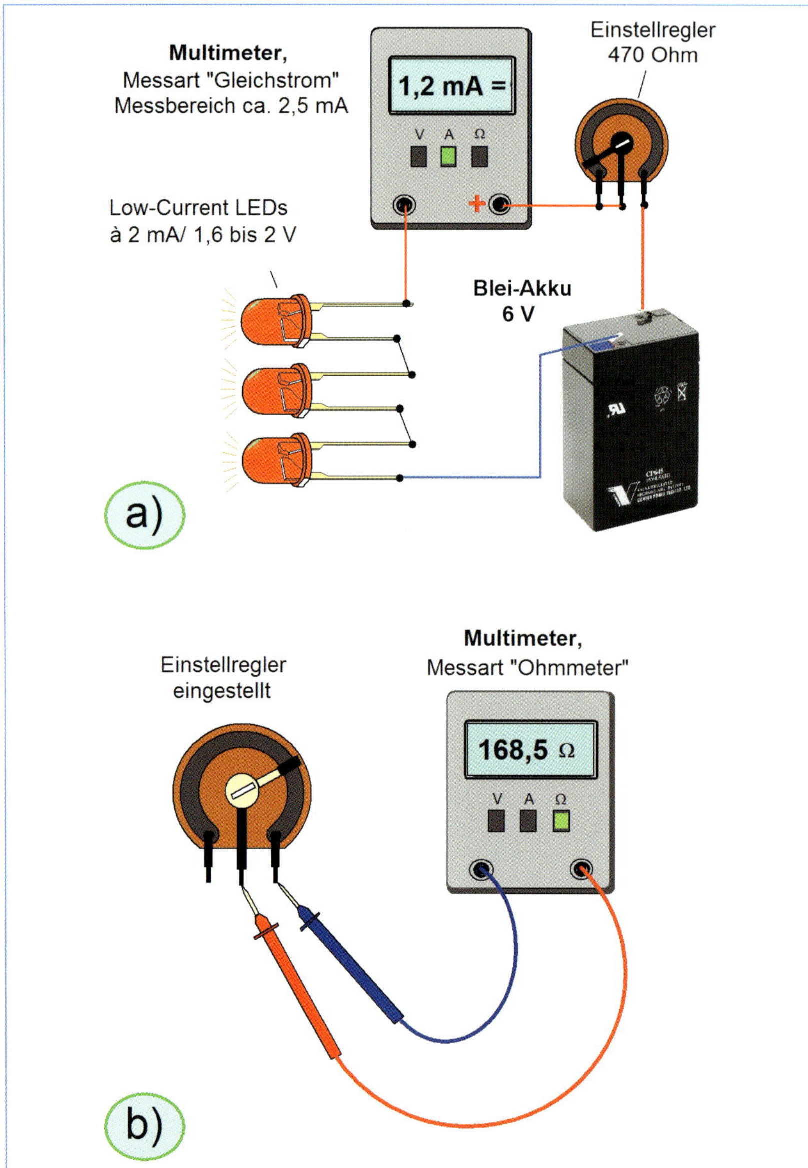

Abb. 3.7 – Ermittlung der optimalen Versorgungsspannung für Low-Current-LEDs: a) Einstellung des LED-Stroms (auch in Hinsicht auf die Ansprüche an die Lichtintensität); b) Ermittlung des ohmschen Werts des Vorwiderstands.

3.3 Superhelle und ultrahelle LEDs

Superhelle und ultrahelle Leuchtdioden, die auch als *hyperhelle* LEDs bezeichnet werden, haben eine vielfach höhere Lichtstärke als die Standard-LEDs und sind als „echte" Leuchtmittel ausgelegt. Sie sind u. a. auch in der Farbe Weiß oder Warmweiß erhältlich (siehe Tabelle 3.2 in Kapitel 3.4).

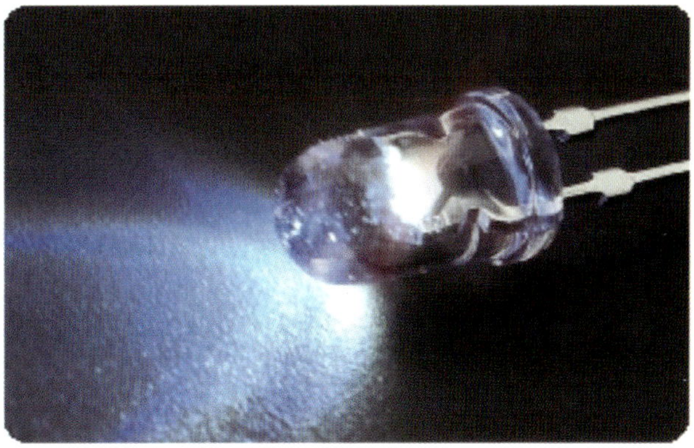

Die Lichtstärke dieser LEDs bewegt sich zwischen ca. 100 und 18.000 mcd und hängt sowohl von der jeweiligen Type als auch von dem Abstrahlwinkel ab. Die eigentliche Bezeichnung (superhell, ultrahell u. ä.) bezieht sich nicht auf einen technisch definierbaren Bereich, sondern weist nur darauf hin, dass es sich hier um kräftige Lichtquellen handelt. In diesem Buch wird künftig ausschließlich die Bezeichnung „superhell" verwendet.

Anders als bei den Standard- oder Low-Current-LEDs wird bei der Anwendung superheller LEDs angestrebt, dass sie ein möglichst intensives Licht erzeugen. Um dies zu erzielen, ist es wichtig, dass solche LEDs den (zumindest annähernd) vollen Strom (I_F) beziehen, denn die Lichtintensität fällt mit sinkendem LED-Strom steil ab.

Weiße, superhelle LEDs

U_F : 3,6 V, max. **4,0 V**
I_F : 20 mA

Gehäuse-durchmesser	Licht-stärke I_V	Ausführung	Abstrahl-winkel
3 mm	1100 mcd	diffus	70 °
3 mm	2070 mcd	wasserklar	60 °
3 mm	3200 mcd	wasserklar	25 °
5 mm	690 mcd	diffus	70 °
5 mm	2500 mcd	wasserklar	50 °
5 mm	6400 mcd	wasserklar	30 °
5 mm	9200 mcd	wasserklar	20 °
5 mm	18000 mcd	wasserklar	15 °

Weiße, ultrahelle LEDs

Gehäusedurchmesser ϕ 5 mm

Licht-stärke I_V	Abstrahl-winkel	Spannung U_F	Strom I_F
1600 mcd	20 °	3,6 V	30 mA
1100 mcd	20 °	3,1 V	20 mA
3000 mcd	50 °	3,1 V	20 mA
7000 mcd	20 °	3,1 V	20 mA
120 mcd	120 °	3,1 V	20 mA
12000 mcd *	20 °	3,4 V	20 mA
14000 mcd	75 °	3,5 V	100 mA

* warm-weiß

Tabelle 3.1 – Superhelle LEDs (Katalogauszüge von Conrad Electronic und Lumitronix)

3.3 Superhelle und ultrahelle LEDs

Die optimale Einstellung des LED-Stroms erfolgt auf die gleiche Weise, die bereits im Zusammenhang mit Abb. 3.4. detailliert beschrieben wurde. Theoretisch wäre zwar eine elektronische Stromregelung vorteilhafter, aber diese ist bei einfacheren Anliegen nicht zwingend erforderlich.

Es gibt zwar in Form von Kleingeräten oder Einbauplatinen einige praktische Konstantstromquellen, aber sie sind nicht immer für den Strom der angewendeten LEDs ausgelegt. Zu den interessantesten Konstantstromquellen gehört die preiswerte 20-mA-Konstantstromquelle von Lumitronix (Abb. 3.8). Sie eignet sich somit für die Stromversorgung aller LEDs, die für einen Strom (I_F) von 20 mA ausgelegt sind.

Für den Netzspannungsbetrieb benötigt diese Konstantstromquelle, die als „Miniplatine" von 17 x 9,4 x

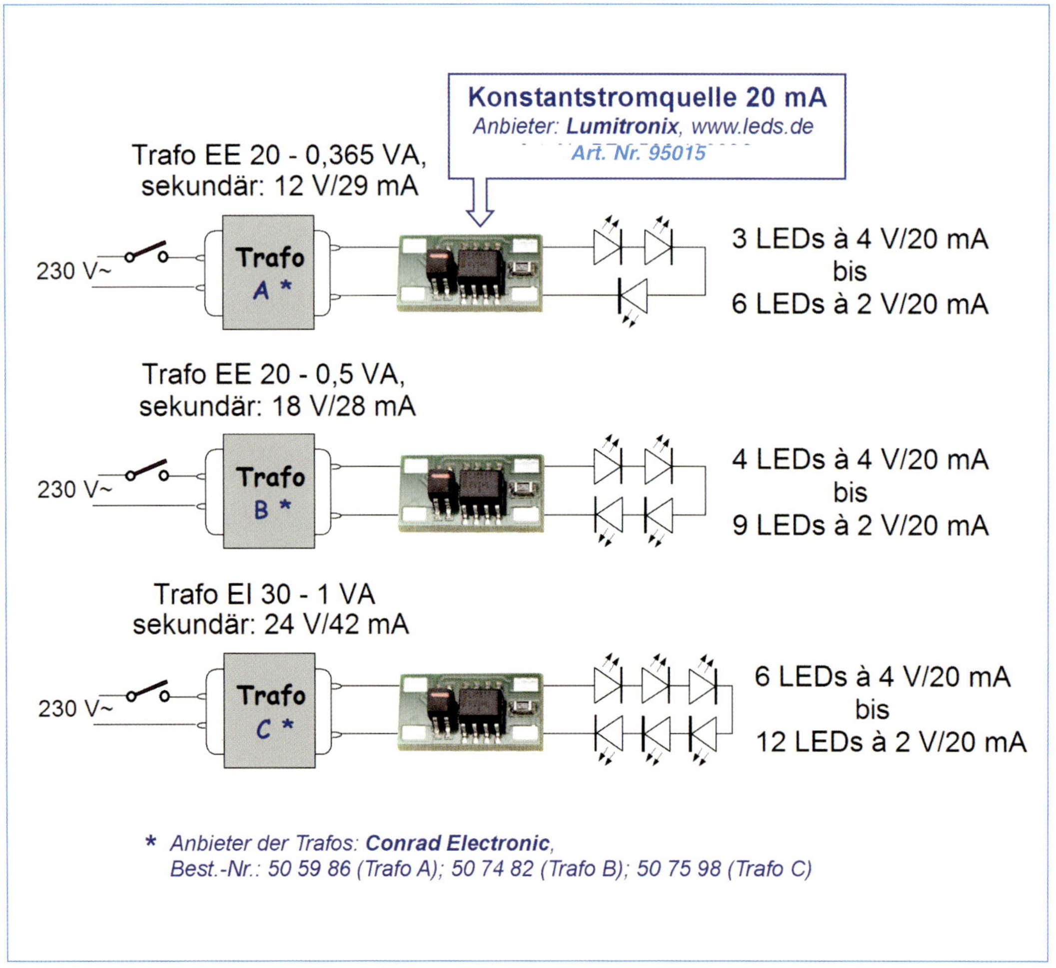

Abb. 3.8 – Die Sekundärspannung des Netztransformators für die Konstantstromquellen-Platine muss jeweils auf den Spannungsbedarf der angeschlossenen LEDs abgestimmt sein.

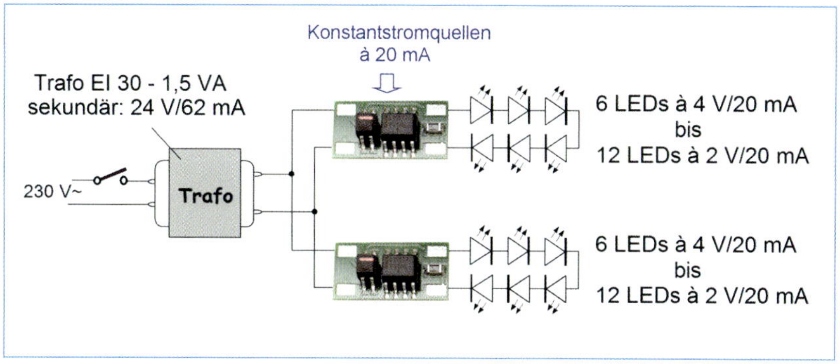

Abb. 3.9 – Bei Bedarf können auch zwei oder mehrere Konstantstromquellen-Platinen parallel an einen gemeinsamen Transformator angeschlossen werden.

3,5 mm erhältlich ist, noch einen zusätzlichen kleinen Netztransformator (Print-Trafo), dessen Ausgangsspannung zwischen 6 und 26 V~ liegen darf. Von der Höhe der Trafo-Ausgangsspannung hängt die maximale Anzahl der LEDs ab, die an diese Konstantstromquelle in Reihe angeschlossen werden können. Abb. 3.8 zeigt drei Beispiele der Anpassung des Trafos an die Anzahl und somit an den Spannungsbedarf der angewendeten LEDs. Die in der Abbildung aufgeführten Sekundärspannungen der Trafos beruhen auf den marktüblichen Standardspannungen, müssen jedoch nicht exakt eingehalten werden. Genaugenommen dürften diese Spannungen bis auf etwa 26 V~ erhöht werden. Ein zu großer Spannungsunterschied zwischen der Eingangsspannung der Stromquellenplatine und der von den LEDs beanspruchten Spannung hat jedoch zur Folge, dass sich diese Platine zu sehr erwärmt (aufheizt).

Benötigt eine Selbstbau-Leuchte mehr LEDs, als eine einzige Stromversorgung bewältigen würde, können zwei oder auch mehrere Konstantstromquellen-Platinen nach Abb. 3.9 parallel an einen gemeinsamen Transformator angeschlossen werden.

Leider ist die Auswahl an Konstantstromquellen-Platinen noch nicht allzu groß und so kann es vorkommen, dass für manch interessante LEDs die Stromversorgung individuell errichtet werden muss. Das lässt sich am einfachsten bewerkstelligen, indem man die LED-Versorgungsspannung nach dem Beispiel in Abb. 3.10 stabilisiert und fest auf den erforderlichen I_F abgestimmt wird. Dann bleibt auch die Stromabnahme konstant bzw. verringert sich bei sehr aufgeheizten LEDs nur geringfügig, was man als Schutzmaßnahme für die LED(s) sehen kann.

Man kann daher auf den Bau einer aufwendigen elektronischen Schaltung, die den LED-Strom regelt, verzichten. Stattdessen schließt man die LED(s) einfach an eine stabilisierte Spannungsquelle an, die automatisch eine konstante Stromabnahme der LED(s) garantiert. Diese Lösung ist kostengünstig, erprobt zuverlässig und ermöglicht eine wirklich perfekte Einstellung des LED-Stroms nach eigenem Ermessen.

Man kann also den LED-Strom etwa 3 bis 5 % unterhalb des vom Hersteller vorgegebenen I_F einstellen, damit die Lebenserwartung der LED nicht überstrapaziert wird. Der LED-Strom muss allerdings bei der Inbetriebnahme des stabilisierten Netzteils mithilfe eines Multimeters möglichst optimal eingestellt werden – was bei dieser Lösung nur durch die erforderliche Einstellung der stabilisierten Versorgungsspannung erfolgt. Sie werden in diesem Buch noch diverse Tipps und Tricks finden, mit denen der LED-Strom mittels eines Festspannungsreglers ausreichend genau eingestellt werden kann. Al-

3.3 Superhelle und ultrahelle LEDs

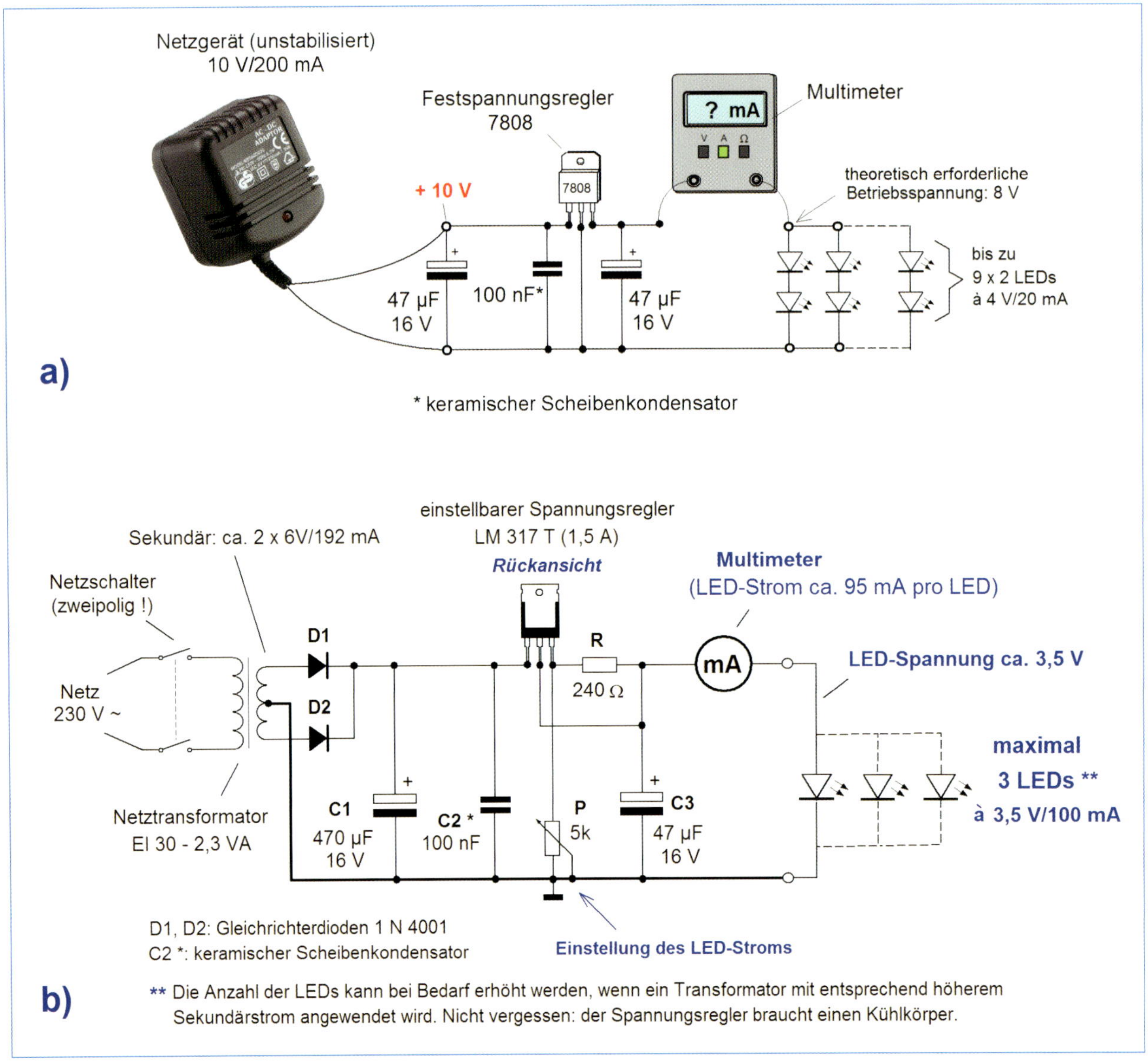

Abb. 3.10 – Mittels eines zusätzlichen Spannungsreglers und einiger weniger Bauteile kann ein einfaches AC/DC-Netzgerät zu einem stabilisierten Netzgerät aufgerüstet werden: **a)** Lösungsbeispiel mit einem Festspannungsregler und einem Steckernetzgerät; **b)** Lösungsbeispiel mit einem einstellbaren Spannungsregler und einem marktüblichen Transformator.

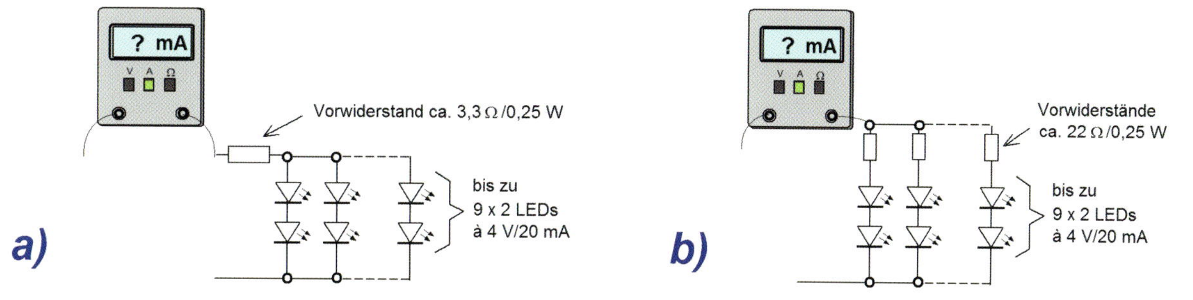

Abb. 3.11 – Mittels Vorwiderständen kann die LED-Spannung (und damit auch der LED-Strom I_F) auf den erforderlichen Wert gedrosselt werden: a) ein gemeinsamer Vorwiderstand für alle LEDs; b) separate Vorwiderstände vor jedem LED-Duo.

ternativ kann anstelle eines Festspannungsreglers ein einstellbarer Spannungsregler verwendet werden, der eine genaue Einstellung des LED-Stroms ermöglicht. Einstellbare Spannungsregler sind preiswert geworden und ihre Anwendung beinhaltet keine Stolpersteine.

Erhöhte Aufmerksamkeit verdient bei der Wahl superheller LEDs der Vergleich des Lichtstroms mit dem Abstrahlwinkel (siehe hierzu auch Kap. 2.2). Da mit zunehmendem Abstrahlwinkel die Lichtstärke jeder LED stark sinkt, ist es wichtig, dass hier bei jedem Projekt gut überlegt wird, was Priorität hat.

Für eine einfache Beleuchtung mit diesen LEDs genügt als Spannungsversorgung wahlweise ein stabilisiertes Netzgerät als Fertigprodukt oder ein einfaches Selbstbau-Netzgerät, das auf den vorgesehenen Spannungs- und Strombedarf abgestimmt ist.

Stabilisierte Netzgeräte sind ziemlich teuer. Bei einigen ist die Ausgangsspannung stufenlos einstellbar, was vor allem für schnelles Experimentieren von Vorteil ist. Kleinere, nicht getaktete AC/DC-Netzgeräte sind vor allem als Steckernetzgeräte mit einer einzigen Ausgangsspannung preiswert. Wird an sie ein ebenfalls preiswerter Festspannungsregler nach Abb. 3.10 angehängt, ergibt es eine perfekte Spannungsversorgung für die LEDs.

Die Spannungen und Leistungen der marktüblichen Festspannungsregler liegen in einem Bereich, der für diese Zwecke fast jedem Anliegen gerecht wird. Dies gilt hier, bis auf Ausnahmen, auch für die Festspannungsregler, die für Spannungen von 3 V, 3,3 V, 5 V, 6 V, 7,5 V, 8 V, 9 V, 10 V, 12 V, 15 V, 18 V und 24 V erhältlich sind. Für superhelle LEDs, die für Spannungen (U_F) von 4 Volt ausgelegt sind, lässt sich z. B. eine stabilisierte Ausgangsspannung nach Abb. 3.10 leicht realisieren.

Da es keine 4-Volt-Festspannungsregler gibt, wurde in Abb. 3.10 eine stabilisierte 8-Volt-Spannung erstellt. An diese wurden jeweils zwei 4-Volt-LEDs in Reihe angeschlossen. Das hier eingezeichnete Multimeter diente beim Test des erstellten Spannungsreglers zur Kontrolle des LED-Stroms

3.3 Superhelle und ultrahelle LEDs

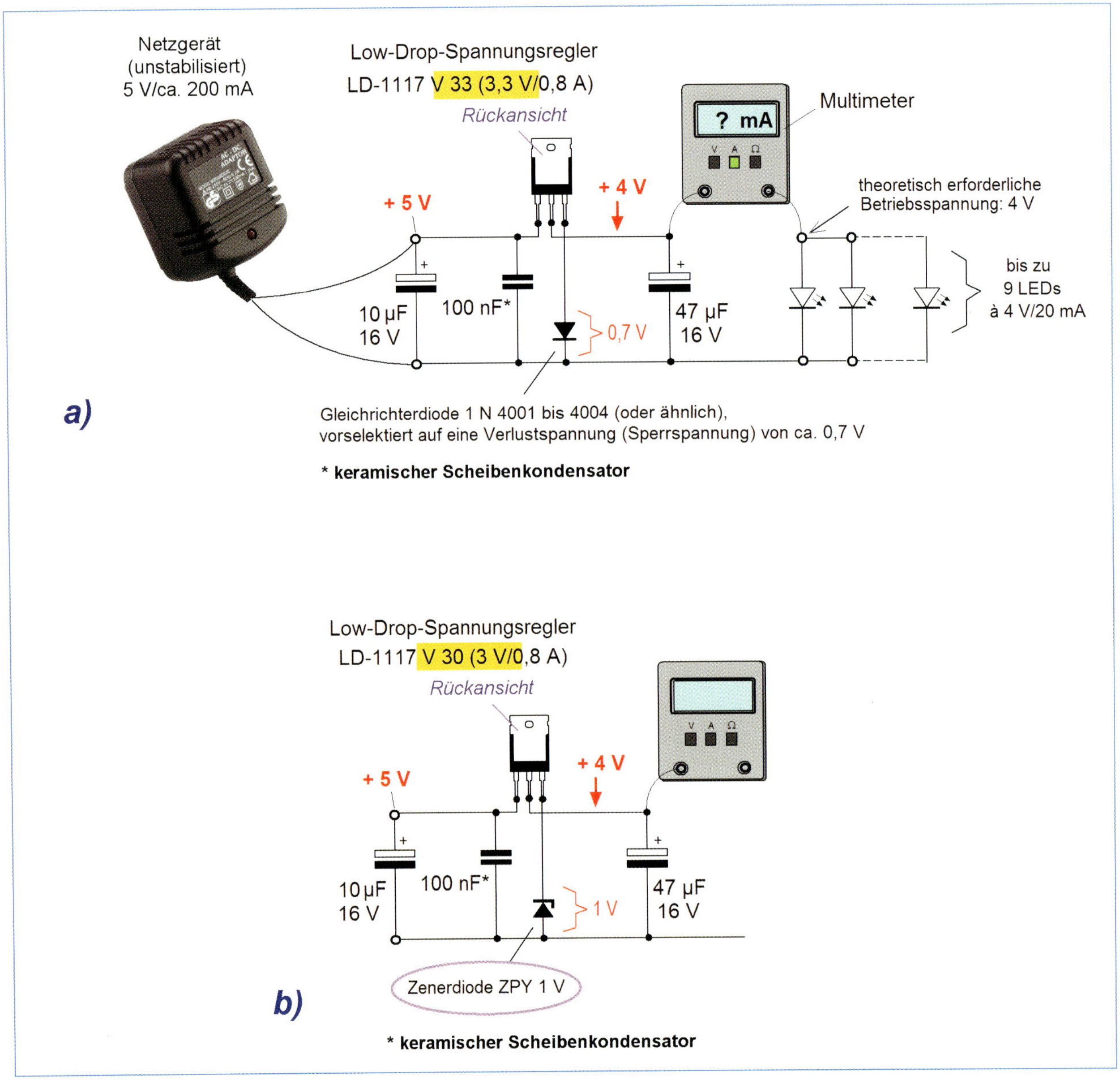

Abb. 3.12 – Ein stabilisiertes 4-Volt-Netzteil mit einem Low-Drop-Spannungsregler, der für die Spannungsversorgung superheller 4-Volt-LEDs geeignet ist: Die Erhöhung der stabilisierten Ausgangsspannung kann wahlweise mit einer Gleichrichterdiode (Beispiel **a**) oder einer Zenerdiode (Beispiel **b**) erzielt werden.

(I_F). Dieser sollte ca. 19,5 mA pro LED-Duo betragen. Werden beispielsweise an diese Spannungsquelle 8 x 2 LEDs angeschlossen, dürfte der mit Multimeter (Milliamperemeter) ermittelte LED-Strom ca. 156 mA nicht überschreiten (8 x 19,5 mA = 156 mA).

Tipp

Vergessen Sie beim Kauf eines Spannungsreglers nicht, dass er auch einen Kühlkörper benötigt! Wenn ein Spannungsregler nur zu etwa 20 bis 40 % belastet wird, gibt er sich auch mit einem Stückchen Aluminiumblech zufrieden, dessen Fläche nur etwa 4-mal größer ist als der Spannungsregler selbst.

Stellt sich heraus, dass die stabilisierte Spannung etwas zu hoch ist und daher der von den LEDs bezogene Strom (I_F) das Maximum (in diesem Fall 8 x 19,5 mA) überschreitet, muss die Spannung angemessen reduziert werden. Dies kann am einfachsten entweder mit einem gemeinsamen Vorwiderstand nach Abb. 3.11a oder mit separaten Vorwiderständen (pro LED-Duo) nach Abb. 3.11b erzielt werden.

Wir können alternativ auch eine stabilisierte 4-Volt-Spannung nach Abb. 3.14 mit bekannten Tricks erhalten: Entweder wird die Spannung eines 3,3-Volt-Spannungsreglers mit einer zusätzlichen Gleichrichterdiode um ca. 0,7 Volt auf 4 Volt nach Abb. 3.12a oder mit einer zusätzlichen 1-Volt-Zenerdiode *ZPY 1 V* um ein Volt auf 4 Volt nach Abb. 3.12b erhöht.

Die Sperrspannung (Verlustspannung) an den Gleichrichterdioden bewegt sich typenbezogen zwischen ca. 0,6 und 0,9 Volt. Es sollte daher einfach probeweise eine Diode gefunden werden, deren Sperrspannung die stabilisierte Ausgangsspannung auf den benötigten Wert erhöht.

In einem Low-Drop-Spannungsregler entsteht ein interner Spannungsverlust von nur ca. 0,5 bis 1 V. Deshalb kann man sich hier

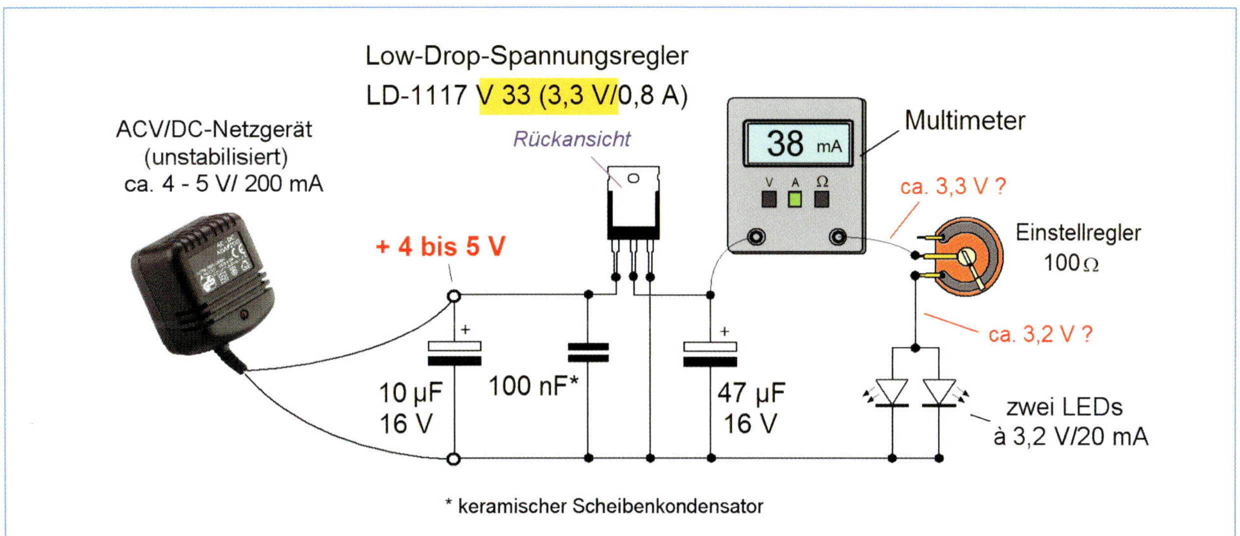

Abb. 3.13 – Stabilisierung einer unstabilisierten Gleichspannung: ein 3,3-Volt-Netzteil im Selbstbau

3.3 Superhelle und ultrahelle LEDs

erlauben, nur ein 5-Volt-Netzgerät anzuwenden. Bei einem Standardspannungsregler kann der Spannungsverlust hingegen mehr als 1,5 V betragen. Daher muss bei seiner Anwendung (wie in Abb. 3.10/3.14) die unstabilisierte Eingangsgleichspannung um ca. 2 Volt höher sein als die benötigte stabilisierte Ausgangsspannung. Sie darf zwar auch noch viel höher sein, aber das hat höhere Leistungsverluste im Spannungsregler zur Folge, durch die sich der Spannungsregler mehr aufheizt. In dem Fall ist ein guter Kühlkörper am Spannungsregler unerlässlich.

Die hier aufgeführten Beispiele der Spannungsregelung – und somit der optimalen Stromeinstellung für die LEDs – können nach Belieben modifiziert werden. Die Spannung und die Leistung des Netztransformators bzw. des unstabilisierten Netzteils sowie auch die Spannungsregelung lassen sich auf den jeweiligen Bedarf mit verschiedensten Tricks anpassen, die z. B. auch in Abb. 3.14 angewendet werden.

Als Alternative zur Stromversorgung mehrerer 3,2-Volt-LEDs bietet sich eine Lösung an, bei der (nach Abb. 3.14) jeweils drei LEDs in Reihe an ein 9,6-Volt-Netzteil angeschlossen werden. Hier muss – ähnlich wie in dem Beispiel aus Abb. 3.12a – die Spannungserhöhung von 9 auf 9,6 Volt mit einer zusätzlichen ausgesuchten Gleichrichterdiode (z. B. der Type 1 N 4001 oder einer beliebigen Restposten-Siliziumdiode) erzielt werden. Dabei wird bei der Vorselektion dieser Diode nicht gezielt die optimale Ausgangsspannung, sondern nur der optimale Strom (I_F) der LEDs auf den Bedarf eingestellt. Werden z. B. nur 3 x 3 LEDs in Reihe betrieben, dürfte der Strom auf ca. 56 bis 58 mA eingestellt werden. Bei 2 x 3 LEDs wäre der LED-Strom auf etwa 39 mA (2 x 19,5 mA = 39 mA) einzustellen usw. Die Anzahl der LEDs, die an das Netzteil maximal angeschlossen werden können, hängt nur von den max. Leistungen des Transformators, des Gleichrichters und des Spannungsreglers ab.

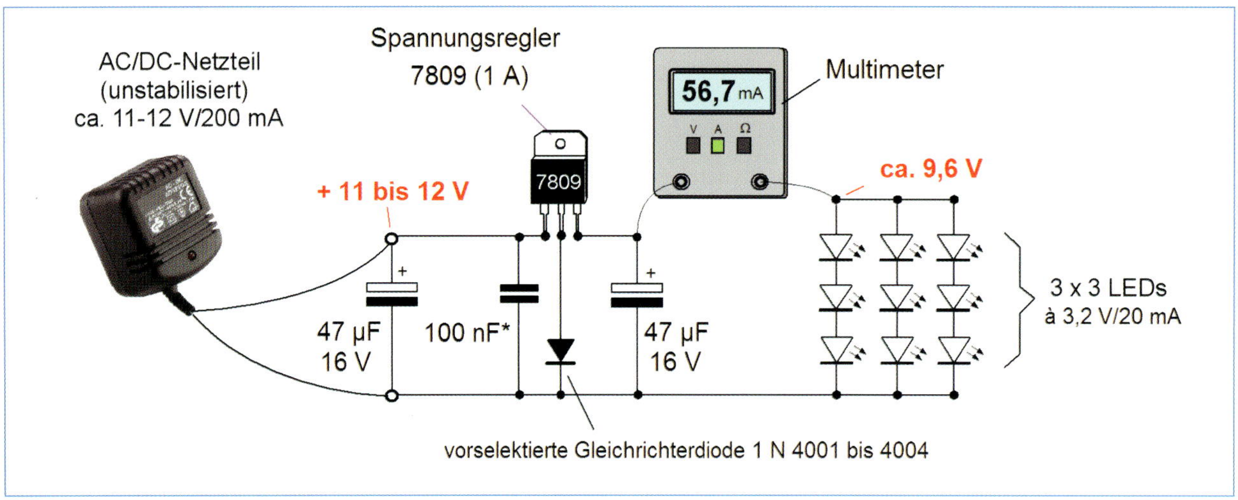

Abb. 3.14 – Stabilisiertes 9,6-Volt-Netzteil im Selbstbau

3.4 Hochleistungs(High-Power)-LEDs

Hochleistungs(High-Power)-Leuchtdioden gehören zur Gattung der sehr hellen LEDs, sind jedoch für

höhere Lichtstärken bzw. Lichtströme – und somit auch für höhere Stromabnahmen – ausgelegt. Sie unterscheiden sich von allen herkömmlichen LEDs unter anderem dadurch, dass sie sich während des Betriebs ähnlich stark aufheizen wie z. B. ein vollbelasteter Spannungsregler oder Leistungstransistor. Sie benötigen daher zusätzliche Kühlkörper. Einige dieser LEDs werden bereits mit Kühlkörpern geliefert, andere müssen mit zusätzlichen Kühlkörpern versehen werden.

Wichtig

Bei Hochleistungs-LEDs ist unbedingt auf das vom Hersteller empfohlene Wärmemanagement zu achten, da andernfalls die LEDs von der Hitze zerstört werden. Optimal dimensionierte Kühlkörper und Wärmeleitprodukte (wärmeleitende Paste) spielen hier eine wichtige Rolle. Relativ hoch belastbar sind gegenwärtig die neuen LEDs der *Luxeon-K2-Reihe,* die eine Betriebstemperatur von bis zu 185 °C verkraften und eine Lebensdauer von 50.000 bis 100.000 Betriebsstunden bei ca. 60 Lumen pro Watt aufweisen.

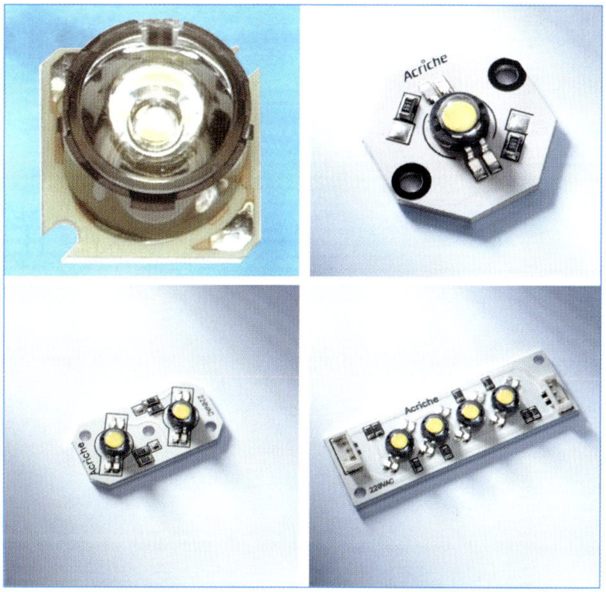

Abb. 3.15 – Hochleistungs-LEDs, die für das Anschrauben auf zusätzliche Kühlkörper vorgesehen sind, verfügen oft über Bohrungen oder Ösen. Andere verfügen bereits über eigene Kühlplatten. (Fotos:Conrad Electronic und Lumitronix)

3.4 Hochleistungs(High-Power)-LEDs

Typ	Farbe	Licht-strom	Abstrahl-winkel	U_F	I_F	Leistung
LXHL-MWEC	weiß	45 lm	110 °	3,42 V	350 mA	1 W
LXHL-MM1C	grün	40 lm	110 °	3,42 V	350 mA	1 W
LXHL-MD1D	rot	44 lm	140 °	2,95 V	385 mA	1,1 W
Z-W3218-0	weiß	52 lm	120 °	3,5 V	350 mA	1,2 W
L2K2-PWW4 U00	warm-weiß	130 lm	140 °	3,42 V	350 m A	1,2 W
Z-W3228-0	weiß	80 lm	120 °	4,0 V	700 mA	2,5 W
Z-W3228-2	weiß	80 lm	120 °	4,0 V	700 mA	2,8 W
LXHL-LW3C	weiß	80 lm	140 °	3,7 V	700 mA	3 W
LXHL-LM3C	grün	80 lm	140 °	3,7 V	700 mA	3 W
LXK2-PC4-0180	weiß	220 lm	140 °	3,72 V	1 A	3,7 W
LXHL-PW03	weiß	150 lm	150 °	6,84 V	700 mA	3,7 W
LXK2-PW14 V00	weiß	140 lm	140 °	3,72 V	1,5 A	5,58 W
LXK2-PW14 T00	weiß	110 lm	140 °	3,85 V	1,5 A	5,7 W
LXK2-PW14 T00	weiß	130 lm	140 °	3,85 V	1,5 A	5,7 W

Tabelle 3.2 – Die technischen Daten der High-Power-LEDs weisen erhebliche Unterschiede auf ...

LEDs, die für eine Montage auf zusätzliche Kühlkörper vorgesehen sind, verfügen oft über Bohrungen oder Ösen für eine Schraubverbindung mit einem zusätzlichen Kühlkörper. Manche besitzen bereits eigene Kühlkörper. Abhängig von der anwendungsbezogenen Anordnung solcher LEDs, können diese auf Einzel-Selbstbau-Kühlkörper (nach Abb. 3.16 oben) oder auf gemeinsame Kühlkörper (nach Abb. 3.16 unten) montiert werden. Zu manchen Leuchtdioden sind passende Kühlkörper erhältlich.

Von der richtigen Dimensionierung der LED-Kühlkörper hängt die Lebenserwartung der LED ab. Dabei darf bei blinkenden oder nur jeweils kurz aufleuchtenden Hochleistungs-LEDs der Kühlkörper etwas spärlicher dimensioniert sein, als bei einem Dauerbetrieb. Ähnlich wie bei anderen elektronischen „kühlungsbedürftigen" Bausteinen sollte auch hier zwischen der LED und dem Kühlkörper eine wärmeleitende Paste nicht fehlen.

Der Hinweis auf eine gute LED-Kühlung ist vermutlich irritierend, da Leuchtdioden als kühle Lichtquellen bekannt sind. Das trifft für die kleineren LEDs auch weitgehend zu. Eine LED kann beim heutigen Stand der Technik mindestens ca. 10 % der ihr zugeführten elektrischen Energie in Licht umwandeln. Der Rest wird zu einem kleinen Teil als „Wärme abtransportierendes" infrarotes Licht, zum größten Teil als Wärme über den Diodenkörper und die Diodenanschlüsse in die Umgebung abgegeben.

Da bei kleineren LEDs der Energieverbrauch recht gering ist, hält sich hier auch die Wärmeentwicklung in Grenzen und fällt in der Praxis nicht ins Gewicht. Daher sind die Gehäuse kleinerer superheller Leuchtdioden nicht mit einer Fläche vorgesehen, die eine Kühlkörpermontage ermöglicht.

Bei leistungsstarken High-Power-LEDs muss jedoch ein verhältnismäßig großer Teil der bezogenen Energie in Wärme umgewandelt werden – und das in einem doch recht kleinen Baustein. Daher benötigen solche LEDs zusätzliche Kühlkörper, deren Masse und Fläche groß genug sind, um die Wärme durch Konvektion (Ausstrahlung) in die Umgebungsluft abgeben zu können.

Neben einer guten Kühlung ist für die Lebensdauer leistungsstarker Leuchtdioden wichtig, dass der vorgegebene Betriebsstrom (I_F) nicht überschritten wird.

Leuchtdioden weisen im Allgemeinen eine sehr hohe Lebensdauer auf, die oft 100.000 Stunden oder auch „mehr als 100.000 Stunden" bzw. „bis zu 100.000 Stunden" beträgt. Eine Formulierung in Form von „bis zu" ist mit Vorsicht zu genießen, wenn es sich um High-Power-LEDs handelt. Hier kann die Lebensdauer wesentlich kürzer sein als bei den kleineren Leuchtdioden üblich. So wird z. B. bei einigen speziellen 5-Watt-Leuchtdioden-Typen eine Lebensdauer von bescheidenen 1.000 oder 5.000 Betriebsstunden angegeben. Sind solche Dioden z. B. als optische Anzeigen vorgesehen, die nur unter besonderen Umständen (in Notfallsituationen) aktiviert werden, ist eine derartig kurze Lebensdauer nicht hinderlich.

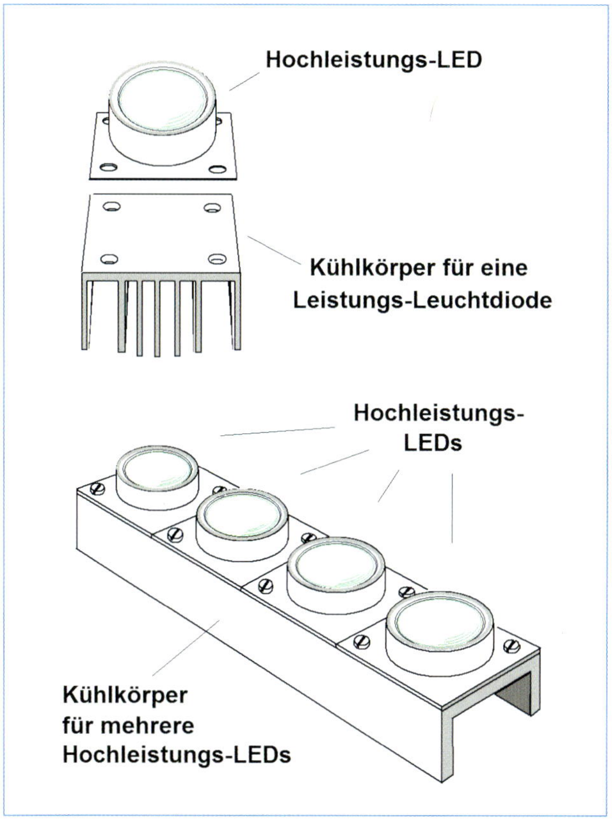

Abb. 3.16 – Kühlkörper für Hochleistungs-LEDs können auch eigenhändig erstellt werden.

Abb. 3.17 – Kühlkörper für Hochleistungs-LEDs sind auch als Fertigprodukte separat erhältlich. (Quelle: Lumitronix)

3.4 Hochleistungs(High-Power)-LEDs

Bei der Auswahl von Leuchtdioden, die im Dauerbetrieb oder in länger dauernden Einschaltzyklen arbeiten sollen, ist dagegen eine möglichst lange Lebensdauer erforderlich. Daher sollte man darauf achten, ob in Datenblättern oder Katalogen nicht ein Hinweis auf eine „typenbezogene limitierte Lebensdauer" zu finden ist.

Zudem ist bei der Angabe der theoretischen Lebensdauer einer jeden Leuchtdiode zu berücksichtigen, dass der LED-Lichtstrom bereits ab Inbetriebnahme kontinuierlich abzunehmen beginnt. So nimmt z. B. bei einigen 1-Watt/350-mA-High-Power-LEDs die Lichtintensität bereits nach ca. 800 Betriebsstunden um 10 %, nach ca. 6.000 Betriebsstunden um insgesamt 20 % ab. Danach ist die Lichtintensitätseinbuße nur noch gering und sinkt (nach Herstellerangaben) nach ca. 50.000 Betriebsstunden auf etwa 70 bis 72 % der anfänglichen Leuchtkraft herab – vorausgesetzt, es handelt sich nicht um LEDs, bei denen der Hersteller eine Lebensdauer von nur ca. 1.000 Stunden angibt.

Auch die Betriebstemperatur der High-Power-LEDs spielt eine wichtige Rolle, denn die vorhergehenden Angaben beziehen sich auf eine Testtemperatur von 70 °C. Sinkt die tatsächliche Betriebstemperatur unter die 70 °C, verringert sich der Verlust der Lichtintensität. Übersteigt die Betriebstemperatur die theoretisch vorgesehene Betriebstemperatur von 70 °C, hat es wiederum einen schnelleren Rückgang der Lichtintensität zur Folge. Daher ist es wichtig, dass solche LEDs nur mit zusätzlichen Kühlkörpern betrieben werden.

Für Anwendungen im Wohnbereich sind Hochleistungs-LEDs vor allem für Minibeleuchtungen vorteilhaft. Die Frage der Stromversorgung lässt sich zwar in einigen Fällen mit einem passenden Konverter (Konstantstromquelle) nach Abb. 3.18 lösen, aber dieser ist nicht für jede LED-Type und jede Art von LED-Verschaltung erhältlich.

Für die High-Power-LEDs spielt es keine Rolle, ob man sie mit Strom versorgt, der von einem externen Gerät geregelt bezogen wird, oder ob man sie an eine stabilisierte Spannung anschließt, die

Luxeon- und Seoul-Hochleistungs LEDs

Typ	Farbe	Licht-strom	Abstrahl-winkel	U_F	I_F	Leistung
LXHL-MWEC	weiß	31 lm	110 °	3,42 V	350 mA	1 W
LXHL-MM1C	grün	40 lm	110 °	3,42 V	350 mA	1 W
LXHL-MD1D	rot	44 lm	140 °	2,95 V	385 mA	1 W
Z-W3228-0	weiß	80 lm	120 °	4,0 V	700 mA	2,5 W
Z-G3228-0	grün	84 lm	130 °	4,0 V	700 mA	2,5 W
LXHL-LW3C	weiß	65 lm *	140 °	3,7 V *	700 mA	3 W
LXHL-LM3C	grün	64 lm *	140 °	3,7 V *	700 mA	3 W
LXHL-LW6C	weiß	120 lm	110 °	6,84 V	700 mA	5 W

* 80 lm (Lumen) bei U_F 3,9 V und I_F 1 A

Tabelle 3.3 – Hochleistungs-LEDs sind verhältnismäßig teuer. Daher ist bei der Spannungs-/Stromversorgung dieser Bausteine erhöhte Aufmerksamkeit bei der Einstellung des optimalen LED-Stroms geboten.

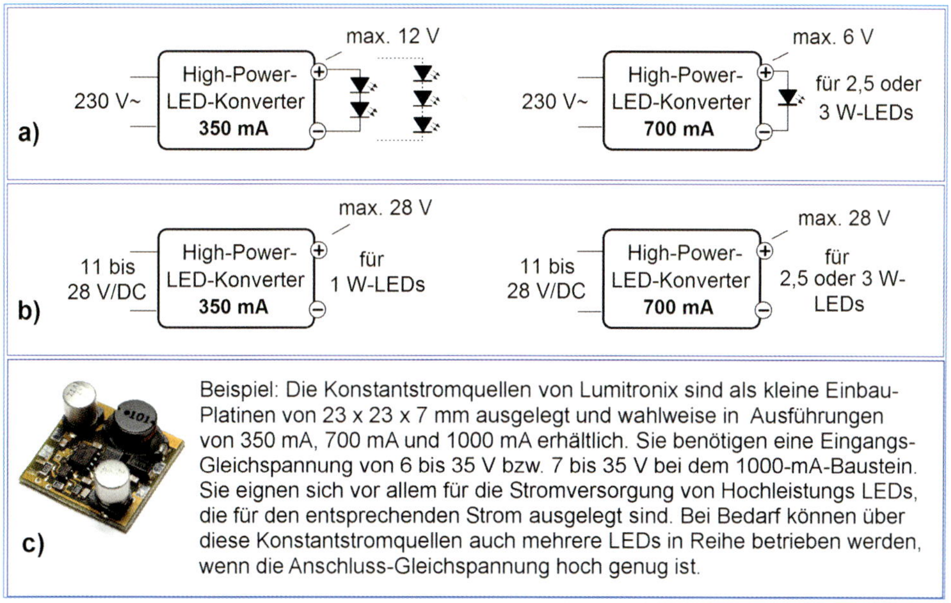

Abb. 3.18 – Für Hochleistungs-LEDs sind spezielle Konverter als Einbaugeräte erhältlich: Sie versorgen die LEDs mit einem Konstantstrom, der bei einfacheren Konvertern vom Hersteller fest vorgegeben ist.

ihnen die optimale Stromabnahme aufzwingt. So kann man für eine solche LED, eine LED-Kette oder eine beliebige Konfiguration mehrerer LEDs ein perfekt konzipiertes Netzteil im Selbstbau entwickeln.

Kompliziert ist ein solches Anliegen nicht, denn es sind dazu nur wenige Bauteile erforderlich. Konkrete Beispiele werden nachfolgend zeigen, was auf diesem Gebiet machbar ist.

Projekt Nr. 1:
Selbstbau-Stromversorgung von vier 1-Watt-LEDs der Type P4-Z-Power (siehe Abb. 3.19)

Technische Daten der P4-Z-Power-LEDs
Spannung (U_F): 3,2 V
Strom (I_F): 350 mA
Lichtstrom (ϕ) weiß: 100 lm

Ähnlich dem Beispiel aus Abb. 3.3 wird hier mithilfe eines einstellbaren Spannungsreglers der optimale LED-Strom eingestellt. Da laut Hersteller bei dieser LED-Type der Strom (I_F) bis zu 1 A betragen darf, kann man die Versorgungsspannung so einstellen, dass die LEDs volle 700 mA beziehen (2 x 350 mA pro Strang).

Projekt Nr. 2:
Stromversorgung von zwei 3 Watt-LEDs der Type Luxeon-Star Hexagon (siehe Abb. 3.20)

Projekt Nr. 3:
Einfache Stromversorgung einer Hochleistungs-LED von 3 bis 5 Watt beliebiger Type, die für einen Strom (I_F) von 700 mA ausgelegt ist (siehe Abb. 3.21)

3.4 Hochleistungs(High-Power)-LEDs

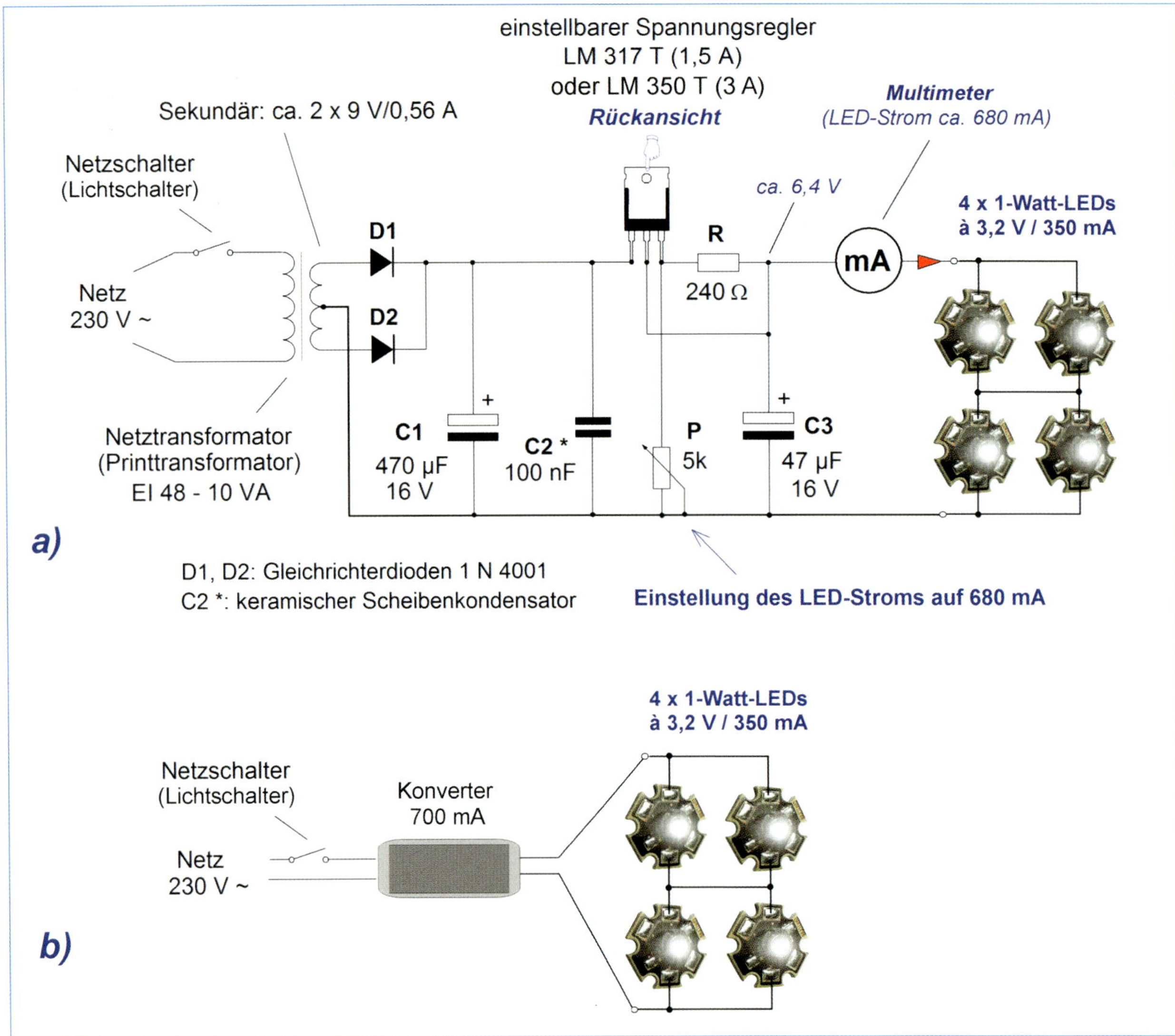

Abb. 3.19 – Stromversorgung von vier 1-Watt-LEDs der Type *P4-Z-Power* (U_F: 3,2 V; I_F: 350 mA): **a)** mittels eines einstellbaren Spannungsreglers; **b)** mittels eines Konverters.

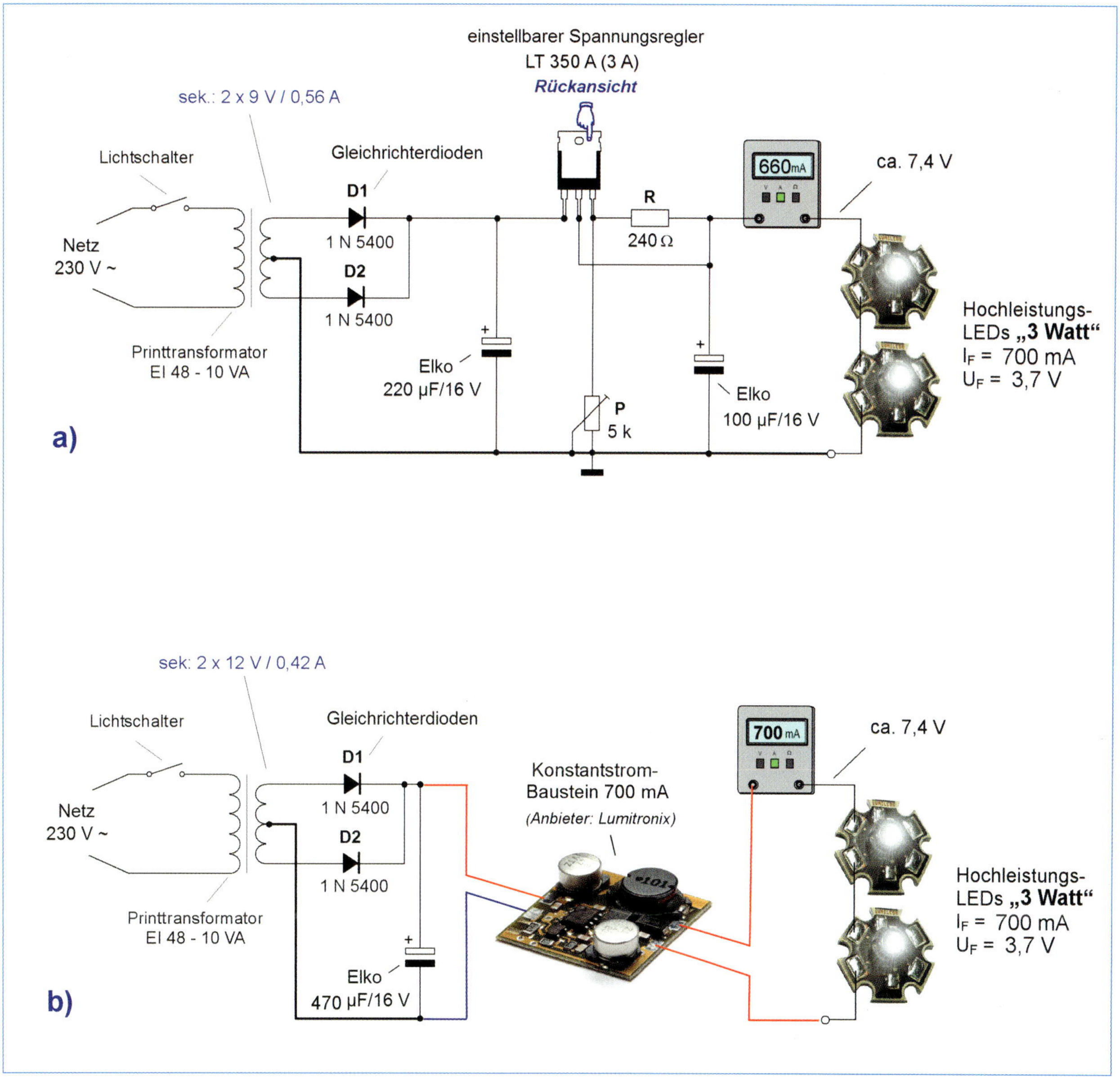

Abb. 3.20 – Zwei Beispiele der Stromversorgung zweier 3-Watt-LEDs: **a)** mit einer Selbstbau-Stromregelung; **b)** mit einem Konstantstrom-Baustein.

3.4 Hochleistungs(High-Power)-LEDs

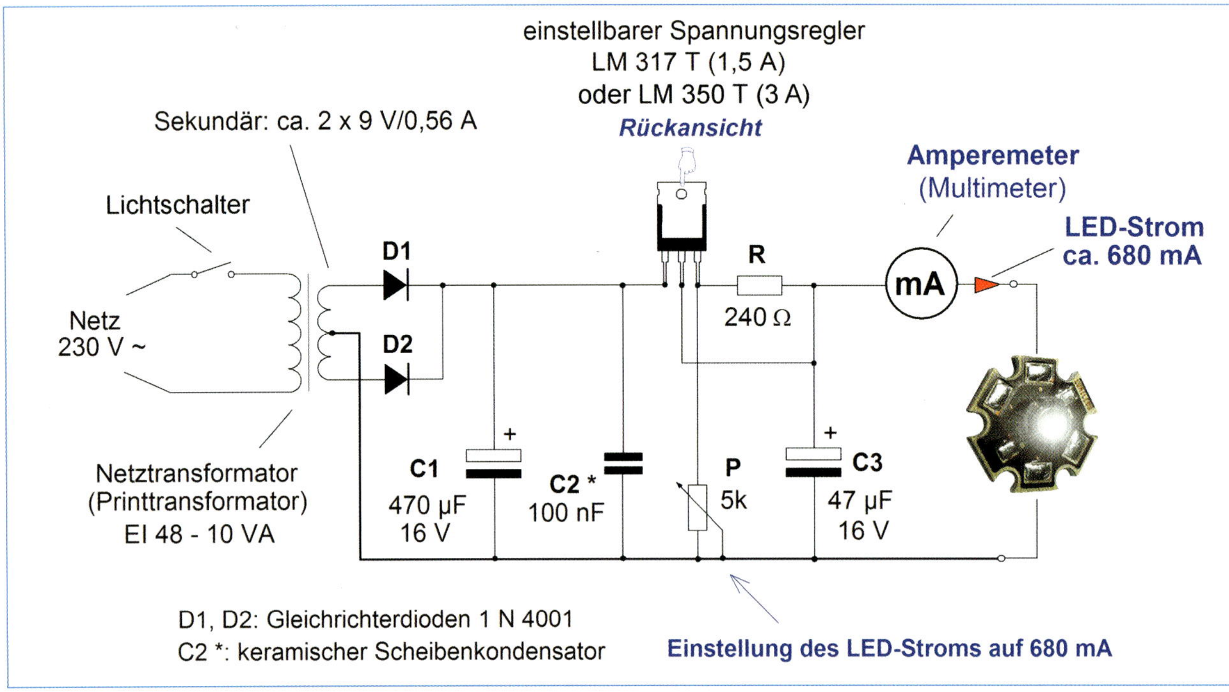

Abb. 3.21 – Ein einstellbarer Spannungsregler ermöglicht die optimale Einstellung der LED-Spannung (U_F) auf einen Wert, bei dem die LED ihren Strom (I_F) bezieht.

Gut zu wissen

In Spannungsreglern werden, sowohl an ihren Ein- als auch an ihren Ausgängen, oft zusätzliche keramische Scheibenkondensatoren oder kleine Kondensatoren (Tantalperlen) parallel zu den größeren Elektrolytkondensatoren eingelötet. Ein solcher kleiner Scheibenkondensator (100 nF) dient am Spannungsreglereingang also zum Ausgleich von Spannungsspitzen, die als Störungen in der sinusförmigen Netzspannung enthalten sind. Ein zweiter kleiner Kondensator (evtl. auch 100 nF) am Ausgang des Spannungsreglers dient wiederum zur Dämpfung gelegentlich auftretender interner Schwingungen (Oszillationen) im Spannungsregler. Einige Reglerhersteller empfehlen diese zusätzlichen Kondensatoren. Andere Hersteller haben ihre Spannungsregler inzwischen so konzipiert, dass in ihnen solche Schwingungen nicht entstehen, wenn sie von der an sie angeschlossenen Schaltung nicht aktiviert werden – was bei schlichter Stromversorgung von LEDs auch nicht geschieht. Daher liegt es im persönlichen Ermessen, ob man einen solchen kleinen Kondensator anwendet oder auf ihn verzichtet. In unseren Bauanleitungen finden Sie solche zusätzlichen Kondensatoren nur dort, wo wir sie unserer Erfahrung folgend „für alle Fälle" angewendet haben.

Projekt Nr. 4:
Stromversorgung zweier 5-Watt-LEDs der Type
Z-Power à 3,5 V/1, 4 A:

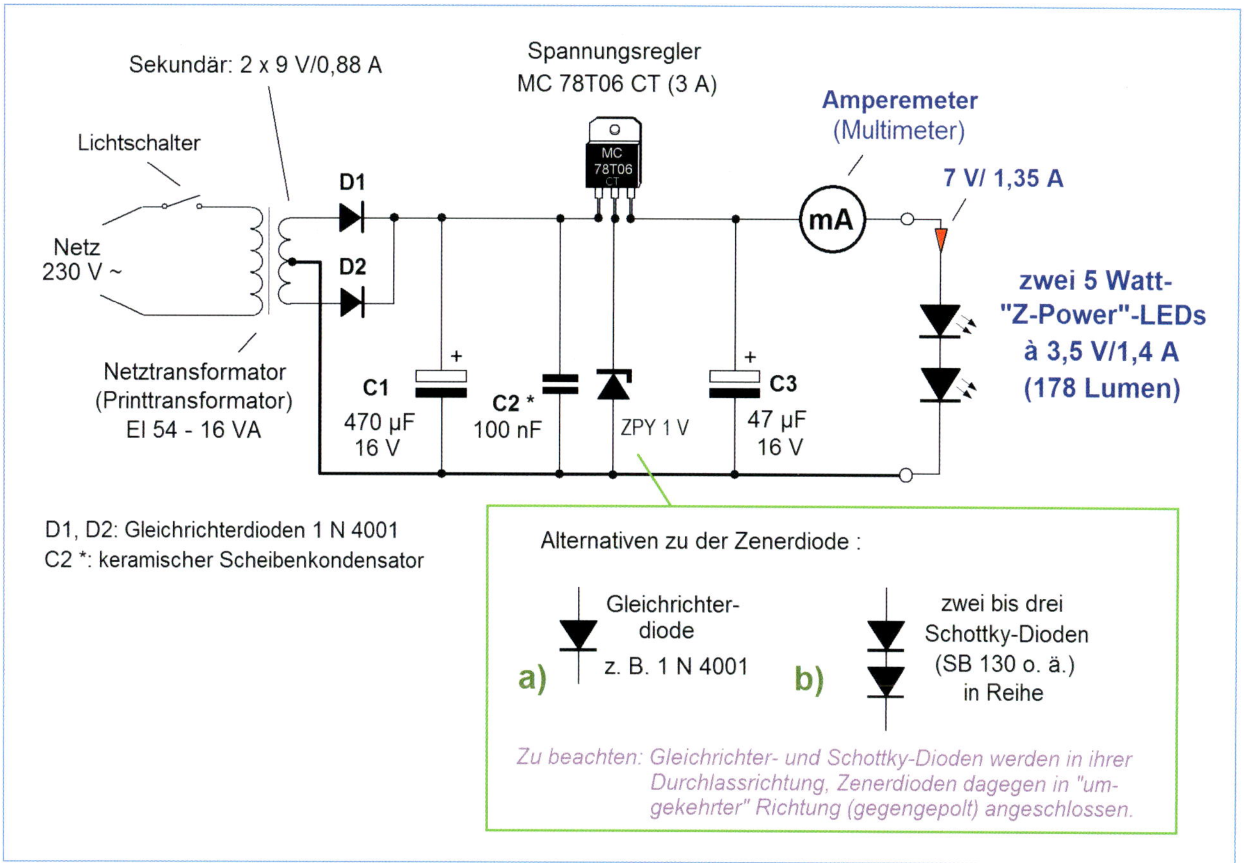

Abb. 3.22 – Die Ausgangsspannung kann bei Bedarf durch Ersetzen der Zenerdiode *ZPY 1 V* bzw. durch Eingliederung weiterer Dioden angehoben oder verringert werden, damit die Stromabnahme der LEDs optimal eingestellt werden kann.

3.5 Blinkende LEDs (Blink-LEDs)

Blinkende Leuchtdioden (Blink-LEDs) leuchten blinkend mit einer Taktfrequenz von 1 bis 2,5 Hz (2,5 Hertz = 2,5 Takte pro Sekunde). Sie sind oft für eine Versorgungsspannung von 3,5 bis 15 V und eine Stromaufnahme von 10 bis 30 mA ausgelegt. Sie eignen sich für Warn- und Kontrollanzeigen sowie für blinkende Party- oder Weihnachtsdekorationen. Dabei kann eine einzige Blink-LED bei Bedarf auch längere LED-Reihen oder größere LED-Felder nach Abb. 3.23 betreiben.

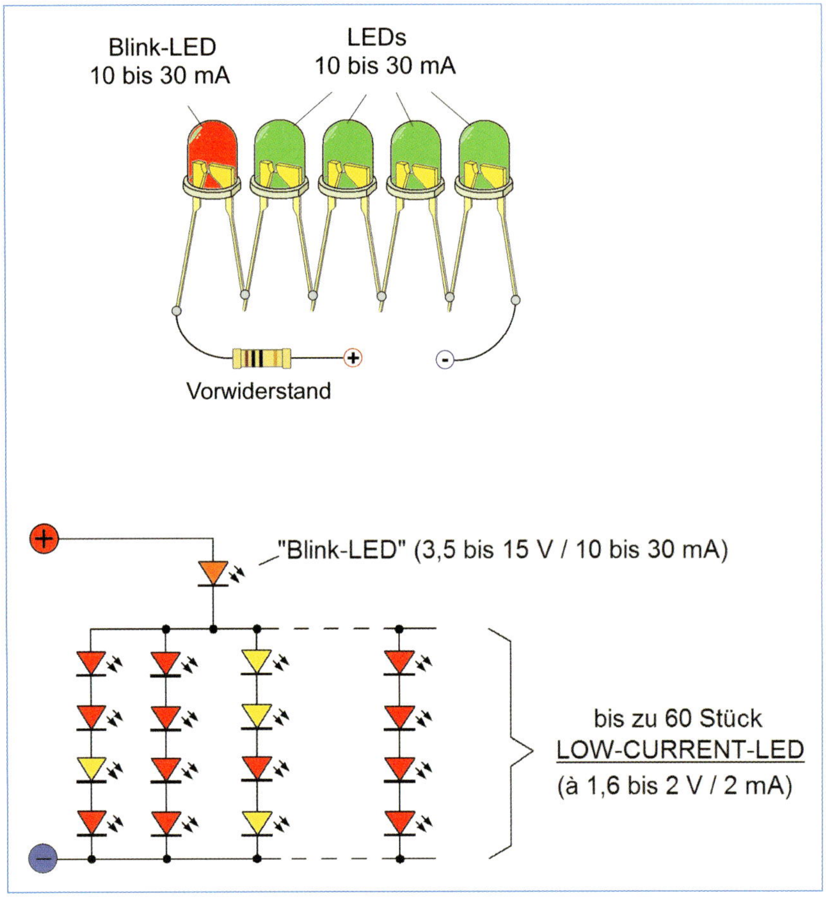

Abb. 3.23 – Eine Blink-LED kann mehrere Standard- oder Low-Current-LEDs als blinkende LED-Reihe, -Kette oder als blinkendes LED-Feld steuern.

3.6 Zwei- und mehrfarbige LEDs

Zweifarbige Leuchtdioden sind wahlweise mit zwei oder drei Anschlüssen nach Abb. 3.24 erhältlich. In beiden Fällen handelt es sich jeweils um zwei LEDs in einem gemeinsamen Gehäuse, von denen die eine LED rot und die andere grün ist. Bei LEDs mit drei Anschlüssen sind die LEDs unabhängig voneinander anwendbar und können bei Bedarf auch gleichzeitig leuchten – was jedoch meist nur ein schmutzig wirkendes braunes Licht ergibt.

Bei LEDs mit nur zwei Anschlüssen erfolgt der Farbenwechsel durch den Polaritätswechsel der Versorgungsspannung nach Abb. 3.24b.

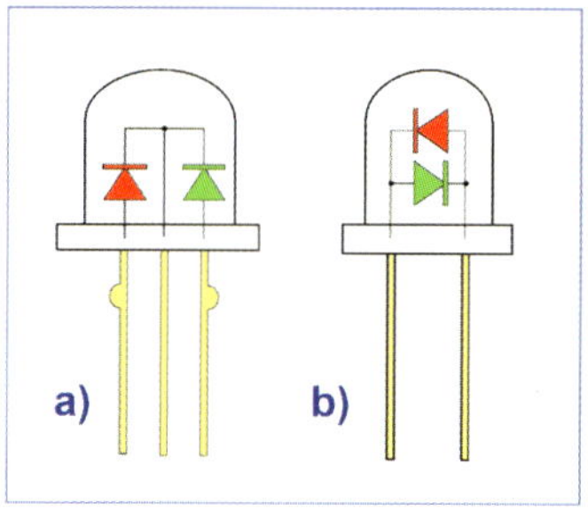

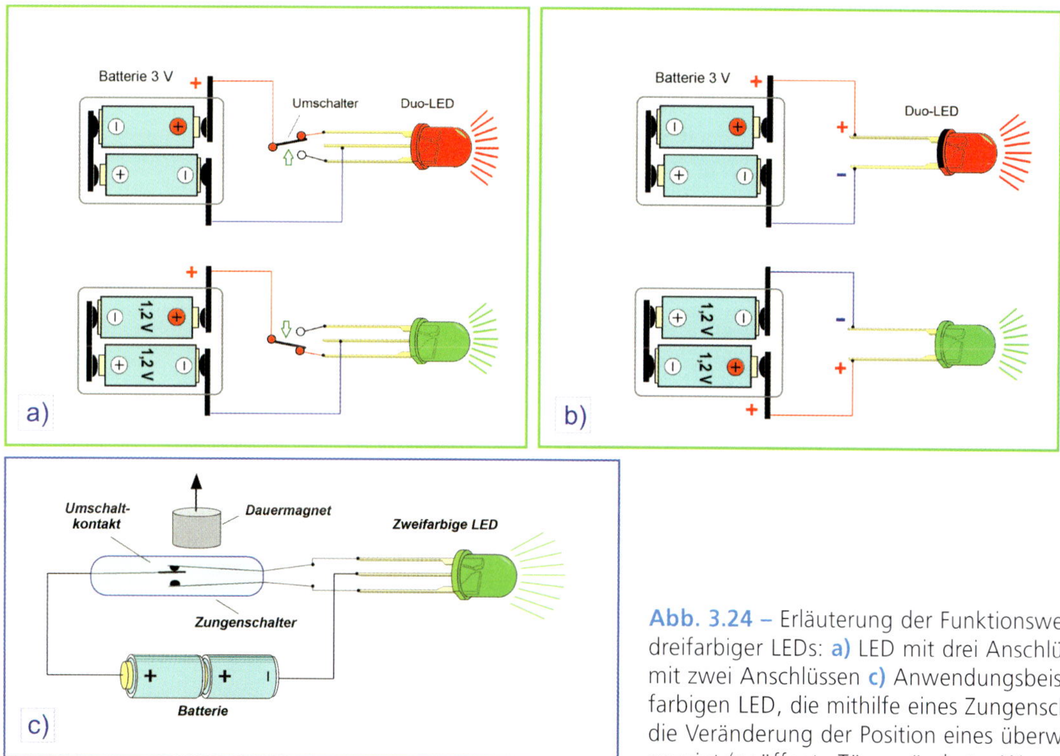

Abb. 3.24 – Erläuterung der Funktionsweise zwei- und dreifarbiger LEDs: **a)** LED mit drei Anschlüssen; **b)** LED mit zwei Anschlüssen **c)** Anwendungsbeispiel einer zweifarbigen LED, die mithilfe eines Zungenschalters (1 x UM) die Veränderung der Position eines überwachten Objektes anzeigt (geöffnete Tür, veränderter Wasserstand usw.)

3.6 Zwei- und mehrfarbige LEDs

Mehrfarbige LEDs unterscheiden sich im Prinzip von zweifarbigen LEDs nur dadurch, dass in einem Gehäuse gleich mehrere selbstständige LEDs (nach Abb. 3.25) integriert sind. Manche der mehrfarbigen LEDs werden als Effekt-RGB-LEDs angeboten, bei denen ein interner elektronischer „Ringzähler“ einen automatischen Farbenwechsel in einer unendlichen Schleife ermöglicht.

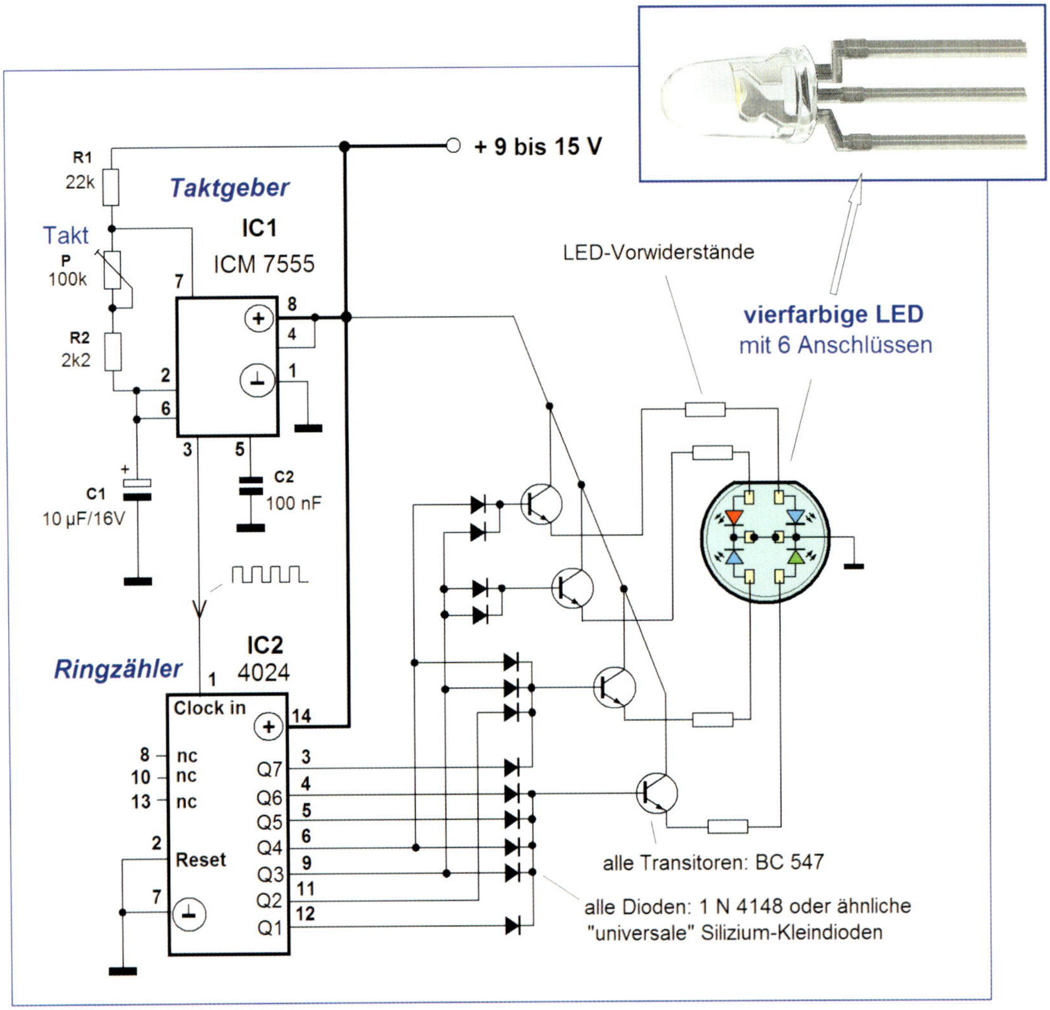

Abb. 3.25 – Nachbauleichte Schaltung eines Ringzählers, der über eine wahlweise konfigurierte Reihe von Dioden eine vierfarbige LED so steuert, dass sich die Farben ihres Lichts in einer von der Diodenanordnung vorgegebenen Reihenfolge im Takt des Taktgebers in einer unendlichen Schleife ändern.

3.7 SMD- und Chip-LEDs

SMD- und Chip-LEDs haben für den Selbstbau zwar teilweise zu kleine Abmessungen, einige der größeren LEDs dieser Gruppe lassen sich aber dennoch auch mit einem normalen kleinen Lötkolben löten (Abb. 3.27). Je kleiner eine LED ist, desto schneller muss das Anlöten der Anschlüsse erfolgen, damit die LED durch zu kräftiges Erhitzen nicht vernichtet wird.

Weiße Hochleistungs-SMD-LEDs

Länge: 9 mm, Breite: 6 mm, Höhe: 1,5 mm

Abstrahlwinkel: 120 °

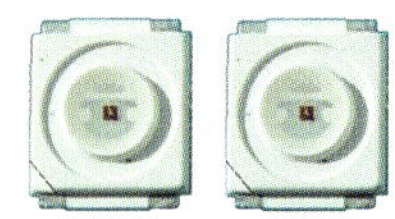

Typ	Farbe	Lichtstärke I_V	I_F	U_F
SMD-LED 1210 BL	blau	285 mcd	75 mA	5,5 V
SMD-LED 1210 GN	grün	1200 mcd	75 mA	5,5 V
SMD-LED 1210 GE	gelb	2000 mcd	175 mA	2,2 V
SMD-LED 1210 RT	rot	1800 mcd	175 mA	2,2 V
SMD-LED 1210 WS	weiß	1400 mcd	75 mA	5,5 V

Tabelle 3.4 – SMD-LEDs eignen sich unter anderem für die Hintergrundbeleuchtung von Türschildern oder Hausnummern.

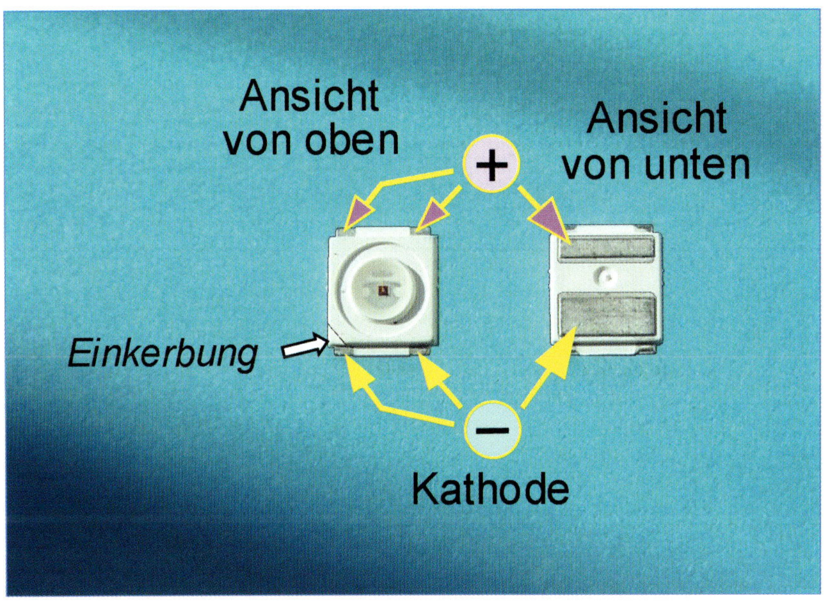

Abb. 3.26 – Anordnungsbeispiel der Anschlüsse der SMD-Leds aus der Tabelle 3.4

3.7 SMD- und Chip-LEDs

Bitte beachten

Die meisten der SMD-LEDs werden sehr schnell zerstört, wenn ihre max. Leistung überschritten wird. Sofern diese LEDs nur für eine Hintergrundbeleuchtung und nicht explizit als kräftig leuchtende Lichtquellen verwendet werden, sollten ihre Versorgungsspannung (U_F) und ihr Strom (I_F) bevorzugt etwas niedriger gehalten werden als im Datenblatt steht. Erhöhte Vorsicht ist bei einer Reihenschaltung geboten. Hier können einige LEDs der gleichen Type durch die Herstellungsstreuung eine etwas höhere Durchlassspannung haben, wodurch dann bei einem zu hohem Strom die LED-Leistung das erlaubte Maximum überschreitet – und die LED verbrennt.

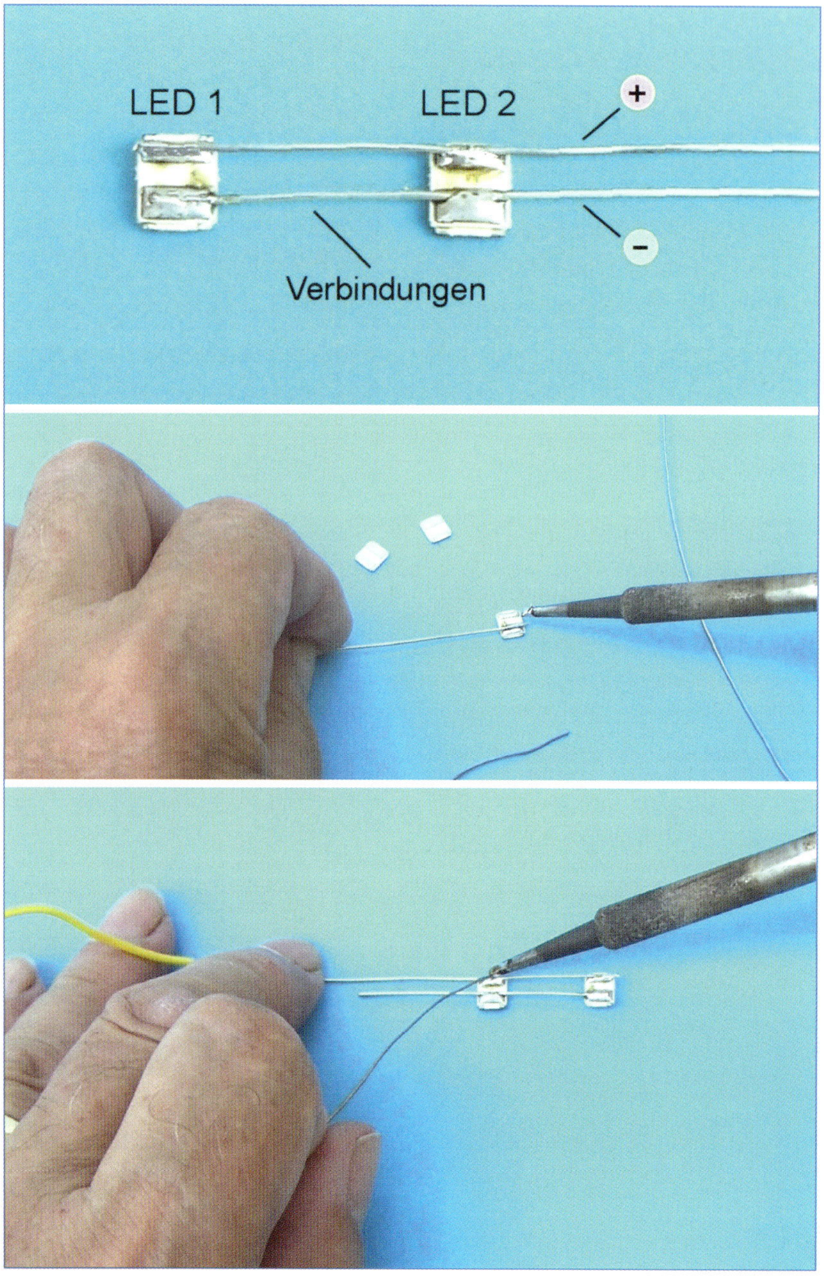

Abb. 3.27 – Beim Anlöten der Verbindungen an kleine SMD-LEDs muss zügig gearbeitet werden, damit die LEDs durch die Hitze nicht zerstört werden.

3.8 LED-Streifen

LED-Streifen sind wahlweise als flexible oder feste Streifen erhältlich, in denen die LEDs bereits als eine anschlussfertige Kette konzipiert sind. Für die meisten LED-Streifen sind passende Konverter (Konstantstromgeräte) als Fertigprodukte erhältlich, aber die LED-Streifen arbeiten ebenso gut mit einfachen Selbstbau-Netzteilen, die bereits beschrieben wurden.

LED-Streifen enthalten bereits Vorwiderstände und können deshalb problemlos mit einer konstanten Spannung von meist 12 V betrieben werden. Damit wird der Einsatz besonders einfach. Man schließt z. B. einfach ein 12-V-Netzgerät an. Auch eine 12-V-Akuuversorgung ist möglich.

Abb. 3.28 – LED-Streifen sind wahlweise als flexible oder feste Streifen erhältlich. (Foto: Lumitromix und Conrad Electronic)

3.9 Infrarotdioden

Infrarotdioden (IR-Dioden) finden eigentlich nur für die Unterstützung einer Überwachungs- oder Nachtsicht-Videokamera Anwendung. Das kann vor allem bei der Überwachung von Kleinkindern oder pflegebedürftigen Personen praktisch sein. Da viele der Überwachungsvideokameras mit einem Mikrofon ausgestattet sind, kann die rein optische mit einer akustischen Überwachung kombiniert werden.

Als Einzelbausteine können IR-Dioden wie alle anderen LEDs behandelt werden. Der Handel führt verschiedene Infrarotstrahler, die entweder in einer einfacheren Ausführung als IR-Leuchtmittel (Abb. 3.29) oder als kompakte Scheinwerfer (Abb. 3.30) erhältlich und meist für 6- oder 12-Volt-Betriebsspannung ausgelegt sind.

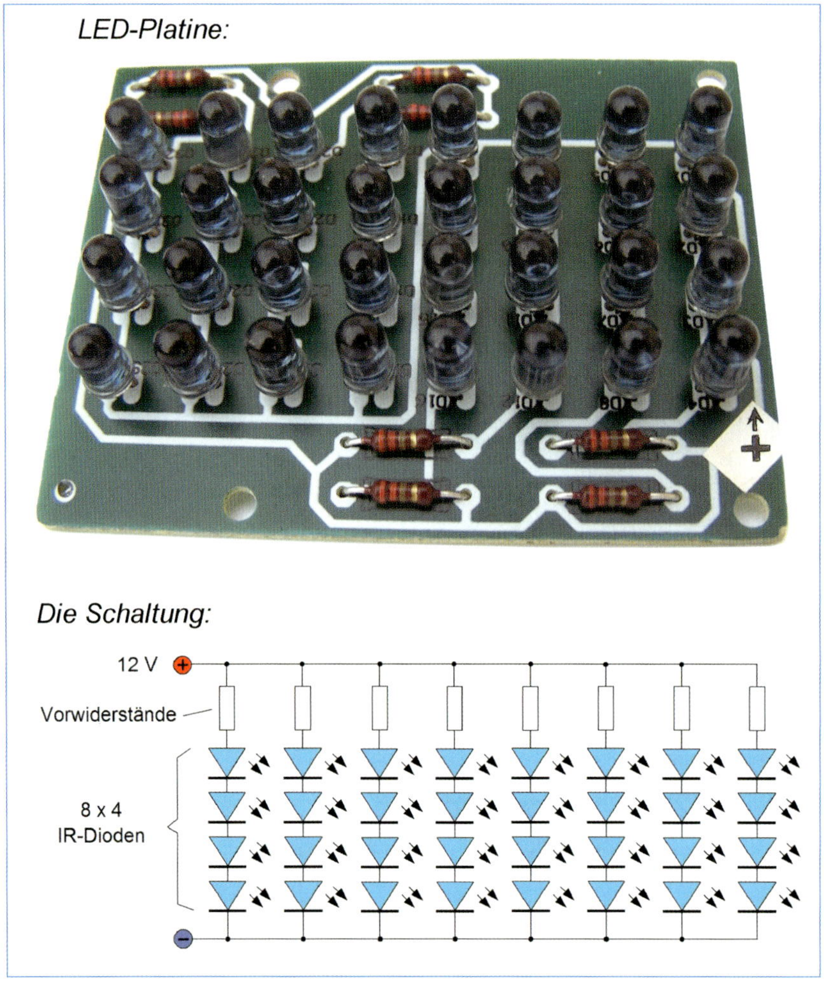

Abb. 3.29 – LED-Strahler-Platine mit 32 LEDs: Spannungsversorgung von 12 bis 14 V DC, Stromaufnahme von max. 280 mA (Anbieter: Conrad Electronic)

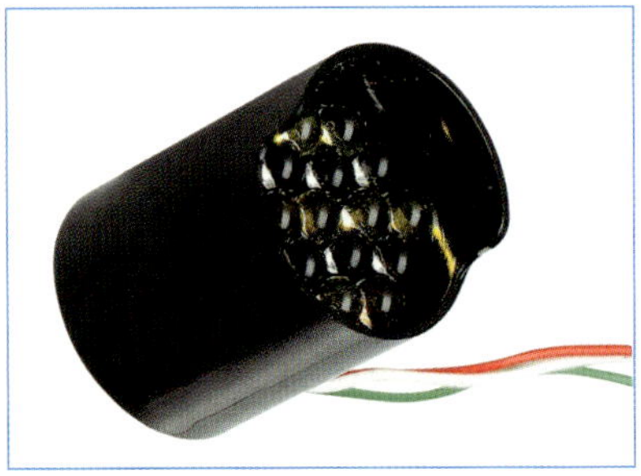

Abb. 3.30 – Ausführungsbeispiel eines LED-Strahlers mit 15 LEDs, der für eine 6-Volt-Betriebsspannung ausgelegt ist und einen Strom von 60 mA bezieht. (Foto Conrad Electronic)

4 LED-Leuchtmittel und Leuchten als Fertigprodukte

Wer seine Glühbirnen oder Halogenstrahler durch energiesparende LED-Leuchtmittel ersetzen möchte, dem steht inzwischen eine große Auswahl an Fertigprodukten zur Verfügung. Abb. 4.1 zeigt einige der interessantesten Leuchtmittel, die als Ersatz für Glühlampen mit niedrigerer Leistung geeignet sind.

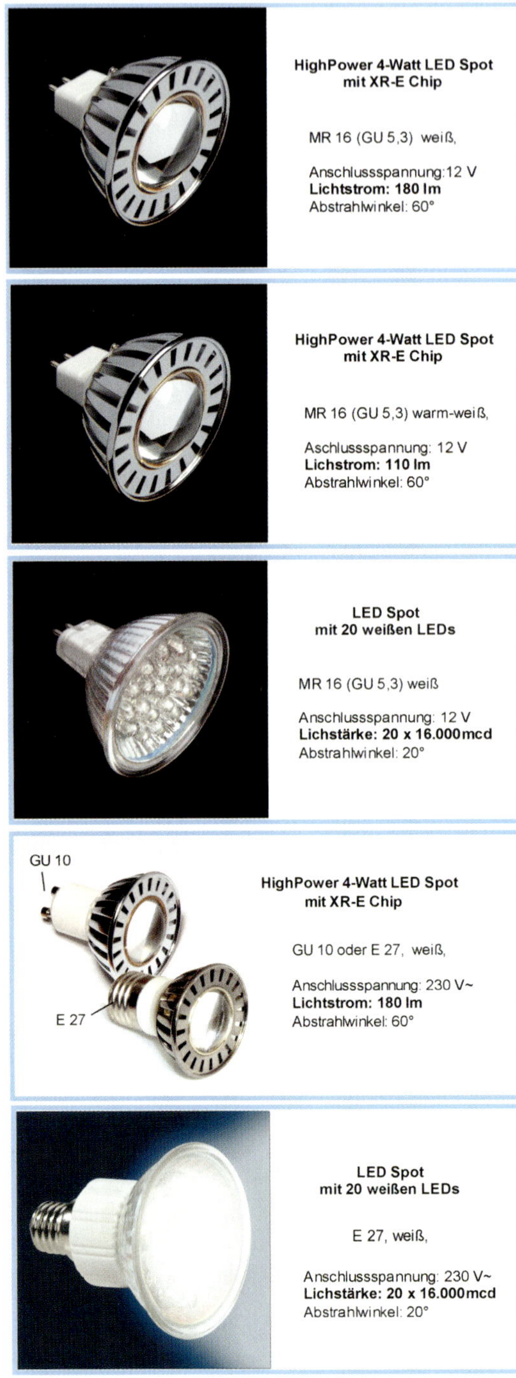

Abb. 4.1 – Als Ersatz für normale 230-Volt-Glühbirnen oder 12-Volt-Halogenlampen sind kompakte LED-Leuchtmittel erhältlich, die einfach anstelle der ursprünglichen Lampen in die bestehenden Leuchtkörper hineingeschraubt oder eingesteckt werden können. (Quelle: Lumitronix)

Abb. 4.2 – a) Einige Ausführungsbeispiele von LED-Leuchten; **b)** Anordnungsbeispiel der LED-Beleuchtung eines Küchenarbeitsplatzes. (Fotos: Conrad Electronic)

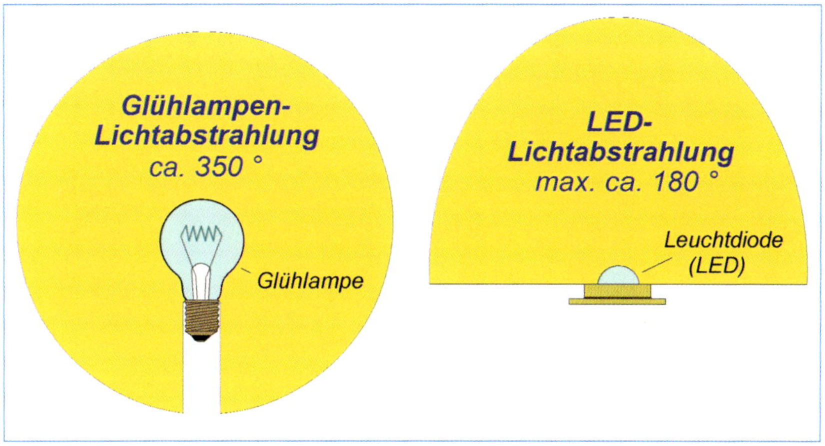

Abb. 4.3 – Der Lichtabstrahlungsunterschied zwischen einer Glühlampe und einer LED ist bei Planungsüberlegungen zu berücksichtigen.

Die meisten der handelsüblichen LED-Leuchten sind zurzeit noch als einfache Lichtquellen ausgelegt. Um mit ihnen herkömmliche lichtstarke Leuchten effizient ersetzen zu können, müssen oft mehrere LED-Leuchten nebeneinander installiert werden. Dies ist dann meist mit Änderungen an der Lichtinstallation verbunden, die problemlos auch in Eigenleistung ausgeführt werden kann. Man braucht dazu keine besondere Handfertigkeit. Doch dazu später mehr.

Bei der Planung von LED-Beleuchtung wie auch bei Überlegungen, welche der bestehenden Glühlampen durch ein LED-Leuchtmittel ersetzt werden könnte, ist zu berücksichtigen, dass der LED-Abstrahlwinkel in der Regel maximal ca. 180° beträgt. Abb. 4.3 verdeutlicht, was man sich darunter konkret vorstellen kann. Bei der Anschaffung einer Wand-LED-Leuchte ist daher zu berücksichtigen, dass ihre Lichtabstrahlung oft nur entweder nach oben oder nach unten ausgerichtet ist – wie unsere zwei Beispiele in Abb. 4.4 zeigen.

Abb. 4.4 – Die Lichtabstrahlung ist bei vielen Wand-LED-Leuchten entweder nur nach unten (a) oder nur nach oben (b) ausgerichtet. (Fotos: Conrad Electronic)

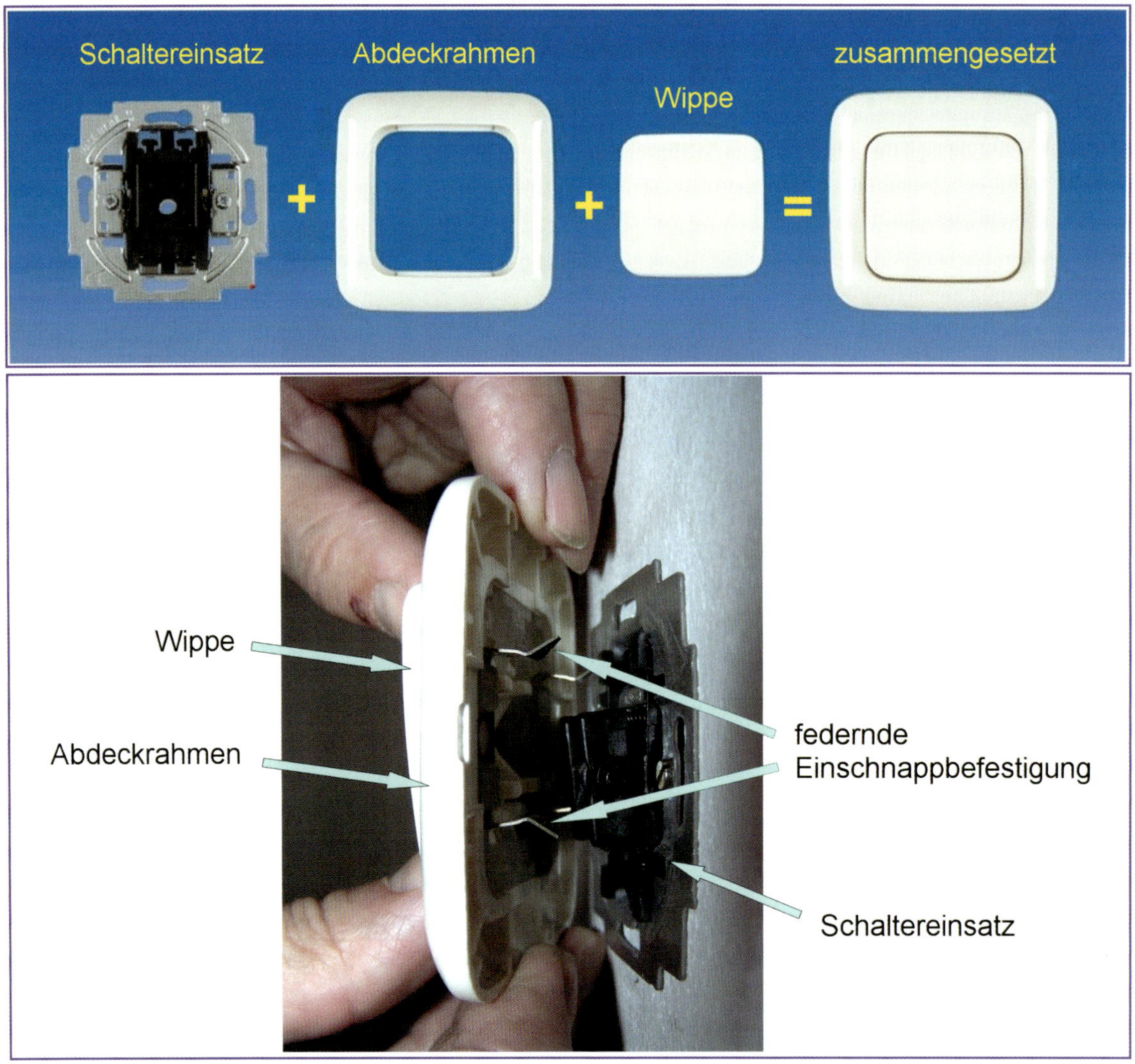

Abb. 4.5 – Viele der Lichtschalter bestehen aus mehreren Einzelteilen, die miteinander nur mittels federnder Einschnappbefestigungen gehalten werden: Hat ein Lichtschalter keine sichtbaren Schrauben, kann sein Rahmen mit der Wippe einfach „aus der Wand" herausgezogen werden.

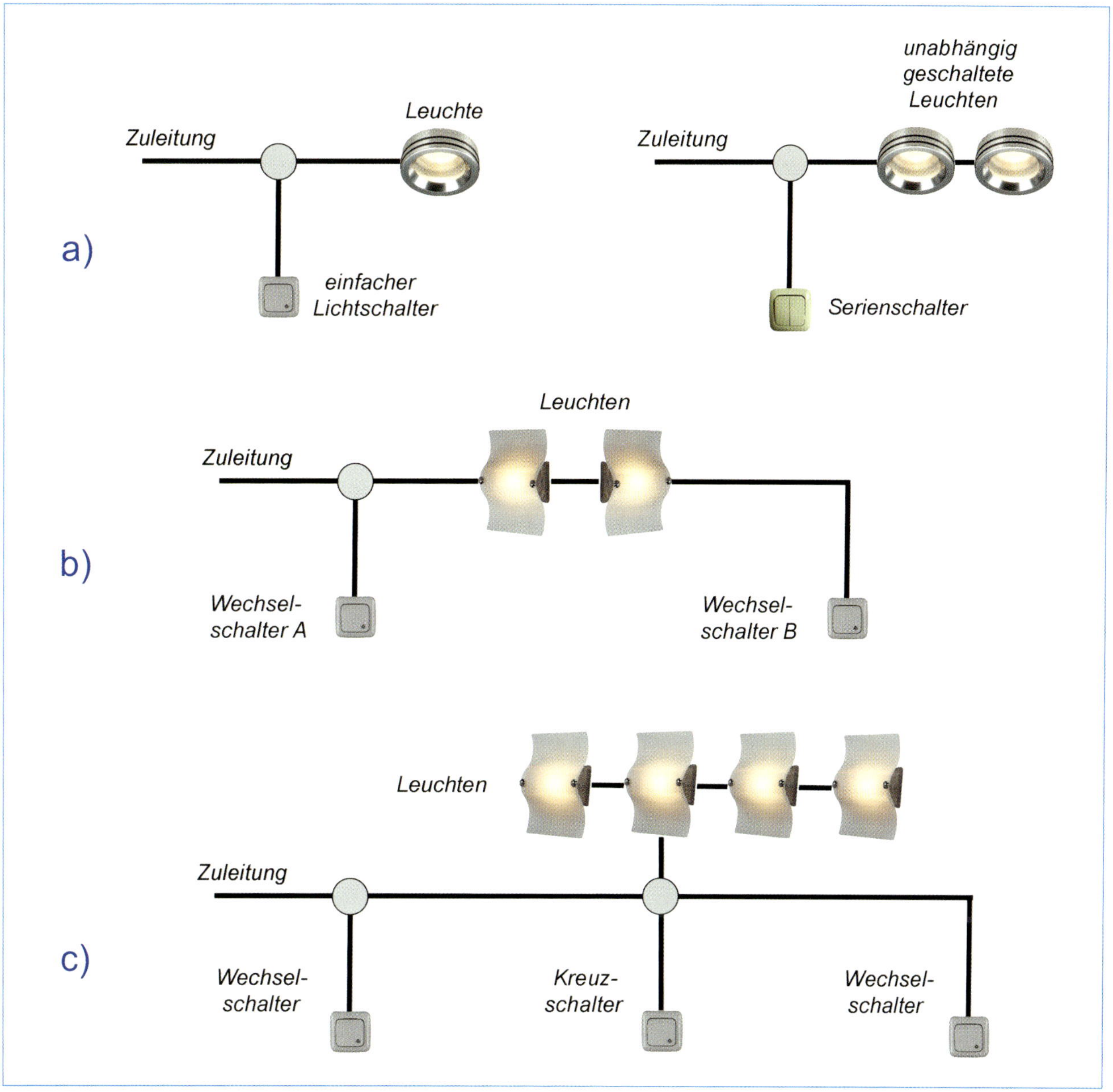

Abb. 4.6 – Leuchten können auf verschiedene Arten geschaltet werden: **a)** von einem Standort aus; **b)** von zwei Standorten aus; **c)** von drei Standorten aus.

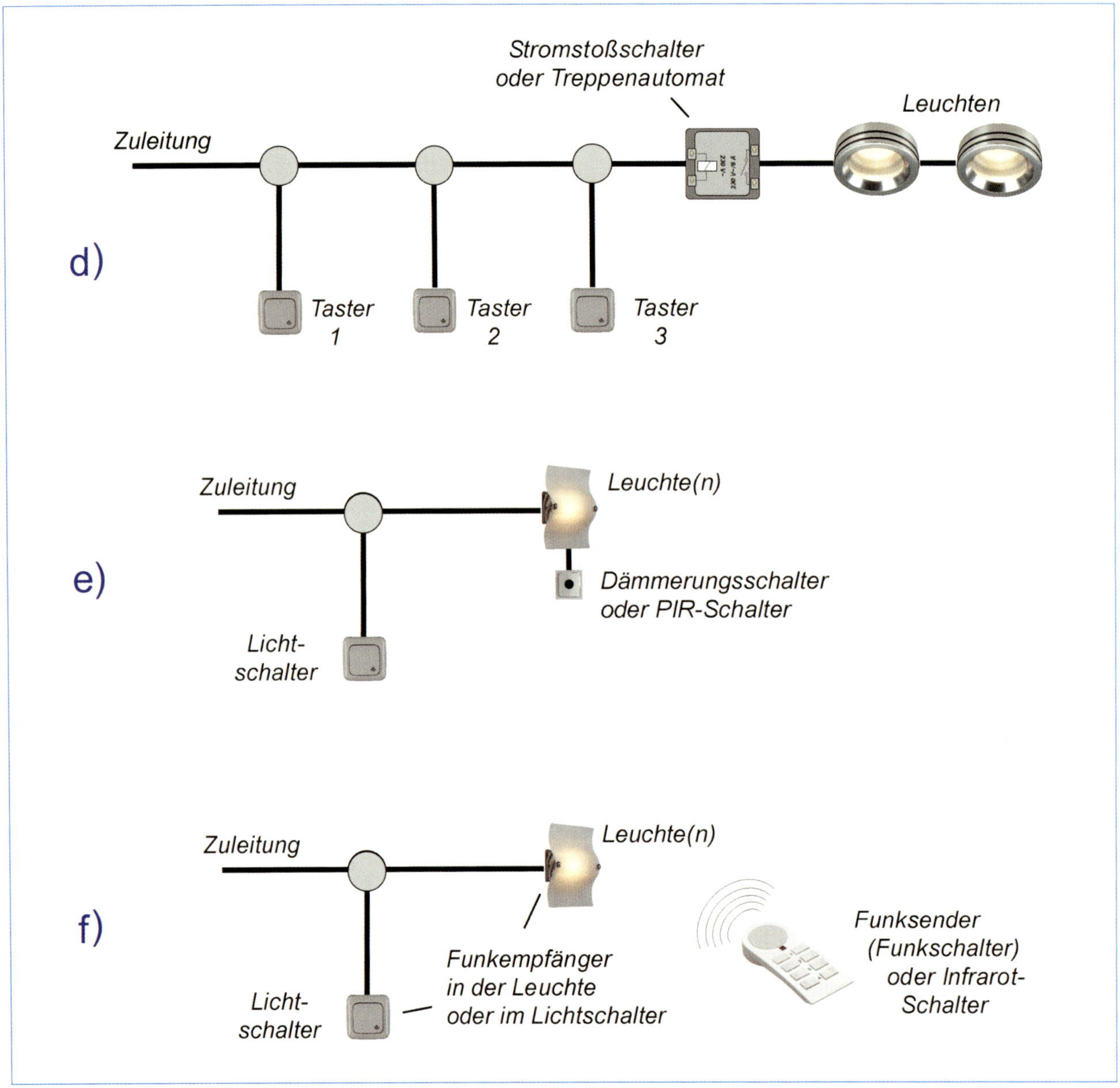

Abb. 4.7 – Alternatives Schalten der Beleuchtung

4.1 LED-Leuchtmittel und Strahler (Spots)

LED-Leuchtmittel und Strahler (Spots) sind als Fertigprodukte wahlweise für den Anschluss an eine 230-Volt-Wechselspannung (Hausnetzspannung), 12-Volt-Wechselspannung, 12-Volt-Gleichspannung oder an spezielle Netzteile und Treiber nach Abb. 4.9 erhältlich.

Unter dem Begriff „LED-Leuchtmittel" sind – einfach formuliert – alle LED-Lichtquellen zu verstehen, die sich, ähnlich wie z. B. herkömmliche Glühbirnen oder Halogenlampen, in eine Leuchtenfassung einschrauben oder einstecken lassen.

Bei der Anschaffung dieser LED-Leuchtmittel oder -Strahler ist darauf zu achten, für welche Art der Versorgungsspannung sie ausgelegt sind und ob sie eventuell auch noch zusätzliches Zubehör, z. B. ein Netzteil oder einen Treiber (Konverter), benötigen. Aus dieser Sicht können alle LED-Leuchtmittel, Strahler, sowie auch diverse Einbauleuchten in folgende anwendungsbezogene Gruppen eingeteilt werden (wir geben uns hier mit der Bezeichnung *Leuchtmittel* zufrieden):

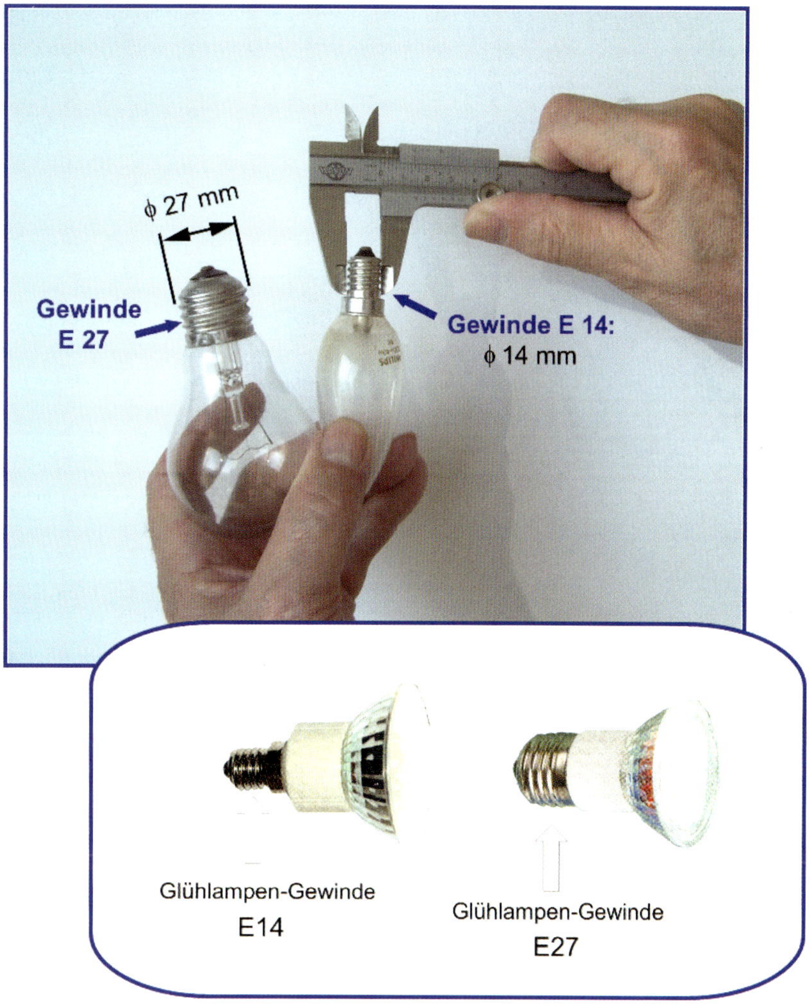

Abb. 4.8 – Viele der 230-Volt-LED-Leuchtmittel sind, ähnlich wie herkömmliche Glüh- oder Energiesparlampen, mit einem Gewinde versehen, das entweder als *Gewinde E27* oder als *Gewinde E14* ausgeführt ist: Eine zuverlässige Zuordnung ist auch ohne einen Messschieber leicht möglich, denn der Unterschied im Durchmesser ist auf den ersten Blick erfassbar.

4.1 LED-Leuchtmittel und Strahler (Spots)

a) Leuchtmittel für einen direkten Anschluss an die 230-Volt-Netzspannung (Abb. 4.10a)

b) Leuchtmittel für einen direkten Anschluss an eine 12-Volt-Wechselspannung (z. B. an einen bestehenden Halogenleuchtentransformator (Abb. 4.10b)

c) Leuchtmittel, die nur mit einem zusätzlichen passenden Netzteil oder Treiber (Konverter) betrieben werden können und typenbezogen für Wechsel- oder Gleichspannungsversorgung vorgesehen sind (Abb. 4.10c)

d) Leuchtmittel für einen Anschluss an eine 12-Volt-Gleichspannung über einen Konverter (Abb. 4.10d)

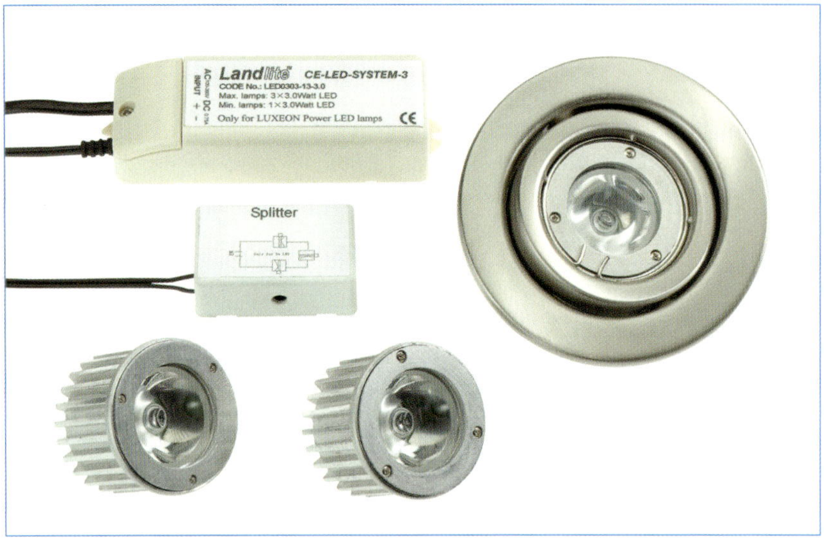

Abb. 4.9 – Einige der LED-Leuchtmittel oder LED-Module können nur mit zusätzlichen *Treibern* (Konvertern) an das Hausnetz angeschlossen werden. (Foto: Conrad Electronic)

Am einfachsten ist die Anwendung von Leuchtmitteln, die einfach als Ersatz für 230-Volt-Glühbirnen oder 12-Volt-Halogenlampen in die bestehende Leuchte eingeschraubt oder eingesteckt werden können und die keine weiteren Ansprüche stellen. Leider genügt es dabei nicht immer, dass so eine neue Lichtquelle nur leuchtet: Sie muss auch ausreichend kräftig leuchten.

Das Gleiche gilt auch für den Ersatz einer Halogenlampe: Die meisten Halogenlampen, die wir in unseren Wohnungen haben, sind für 20 Watt ausgelegt und ihr Lichtstrom liegt bei ca. 200 bis 300 Lumen. Ein LED-Leuchtmittel, das als Ersatz für eine solche Halogenlampe in Frage käme, müsste verständlicherweise ebenfalls einen Lichtstrom von ca. 200 bis 300 Lumen aufbringen können. Das ist aber momentan noch nicht so einfach erzielbar. Teilweise muss man sich bei einem Umstieg auf LEDs mit einer größeren Anzahl von LED-Leuchtmitteln behelfen, die als zusätzliche Lichtquellen installiert werden.

Relativ einfach ist es bei Halogenbeleuchtungen, die als Schienen-, Stangen- oder Seilsysteme ausgelegt sind und problemlos mit

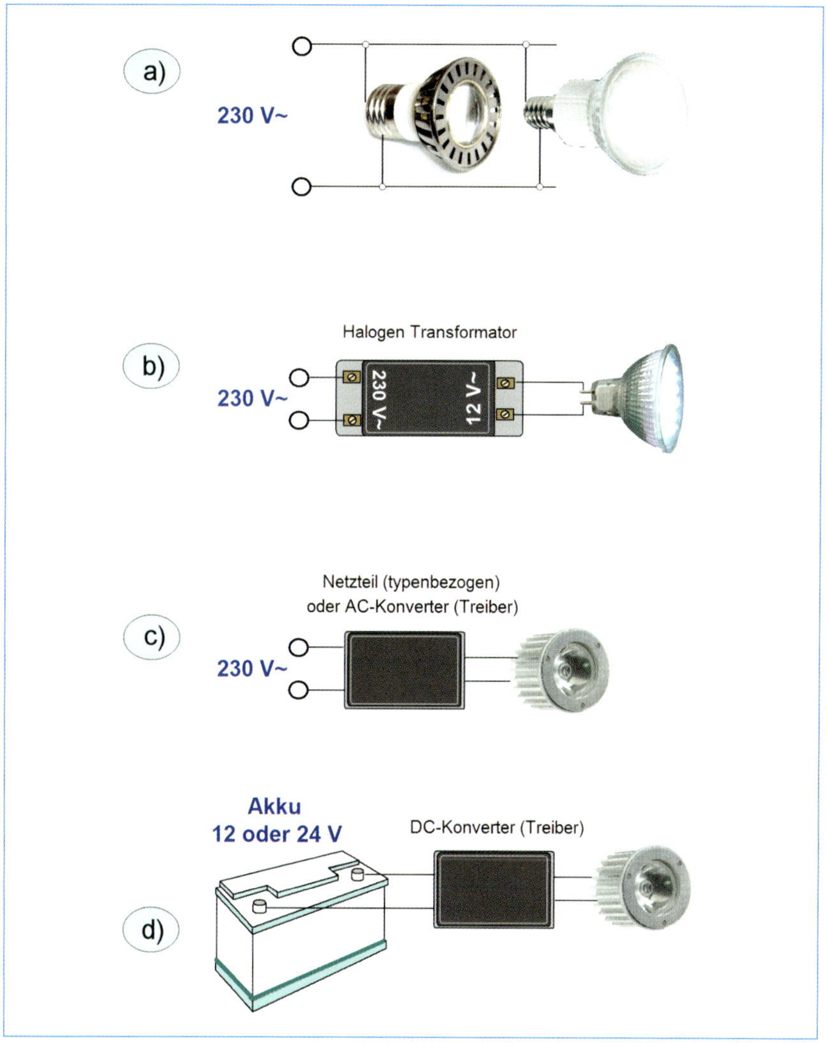

Abb. 4.10 – Anschlussmöglichkeiten der LED-Leuchtmittel

weiteren Leuchtern (bzw. Strahlern) nachgerüstet werden können.

Bei älteren LED-Spots hatte man oft noch das Problem einer deutlich geringeren Lichtausbeute. Ein einfacher LED-Spot mit zwanzig 5-mm-LEDs hat z. B. eine Leistung von 2 W und liefert deutlich weniger Licht als eine Halogenlampe. Andere Typen enthalten bis zu 60 superhelle LEDs, erreichen aber dennoch noch nicht den Lichtstrom einer 20-W-Halogenlampe. Für gleiche Helligkeit müssen daher mehrere dieser LED-Spots eingesetzt werden. Meist ist der Wirkungsgrad eines LED-Strahlers besser. Während eine Halogenlampe ca. 10-15 lm/W bringt, kommt ein LED-Spot bereits heute auf über 30 lm/W. Wenn also mehrere LED-Spots eine einzelne Halogenlampe ersetzen sollen, gibt es keine Probleme mit der Leistung der vorhandenen Halogentrafos. Ein etwa doppelt so hoher Wirkungsgrad bedeutet, dass bei gleicher Lichtmenge nur die halbe Leistung benötigt wird.

LED-Leuchtmittel der neuesten Generation (z. B. XR-E LED Spot) kommen bereits auf bis zu 200 Lumen, benötigen dafür aber nur eine elektrische Leistung von 4 Watt! Hier wird bereits etwa die Lichtausbeute einer normalen 20-W-Halogenlampe erreicht, sodass man tatsächlich ohne weitere Änderungen nur das Leuchtmittel auszutauschen braucht. Man spart Geld und Zeit durch eine längere Lebensdauer und geringen Stromverbrauch. Der Wirkungsgrad moderner LED-Leuchtmittel wird laufend verbessert, während die Entwicklung bei Halogenlampen bereits abgeschlossen ist. In Zukunft wird der Vergleich immer deutlicher zugunsten der LED-Technik ausfallen.

Insgesamt ergibt ein Kosten/Nutzen-Vergleich, dass bereits bei einer Betriebsdauer ab 4000 Stunden der Einsatz eines XR-E-LED-Spots günstiger ist als die Verwendung eines Halogenstrahlers. Dies liegt zum einen an der höheren Lebensdauer und zum anderen am geringeren Energieverbrauch.

Noch einfacher ist es bei Neuinstallationen, denn hier kann sich die Anordnung der LED-Leuchten an den Bedarf anpassen. Sinnvoll ist es, nur LED-Leuchten anzuwenden, die für eine normale 230-Volt-Netzspannung ausgelegt sind. Somit kann die ganze Elektroinstallation als eine 230-Volt-Hausnetzinstallation ausgeführt werden und es entfallen dabei zusätzliche Transformatoren oder andere Netzteile, die den Stromverbrauch unnötig erhöhen. Wie solche Änderungen oder Ausbreitungen vorgenommen werden können, erfahren Sie in Kapitel 7.

4.2 LED-Wandleuchten

Das Angebot an LED-Wandleuchten wird immer interessanter. Man kann aber auch jede Wandleuchte umfunktionieren, indem man in ihre Fassung anstelle der ursprünglichen Glühlampe ein LED-Leuchtmittel einschraubt. Dabei ist jedoch zu berücksichtigen, dass die Lichtabstrahlung (der *Abstrahlwinkel*) einer LED nicht identisch mit dem einer normalen Glühlampe oder Energiesparlampe ist (siehe Abb. 4.3). Dieser Aspekt verdient auch beim Kauf einer kompakten LED-Wandleuchte besondere Aufmerksamkeit, denn viele LED-Wandleuchten strahlen das Licht nicht rundum, sondern nur segmentweise aus (Abb. 4.12).

Abb. 4.12 – Einige Anwendungsbeispiele von LED-Wandleuchten (Fotos: Conrad Electronic)

4.3 LED-Schrank- und Vitrinen-Einbauleuchten

Unter den handelsüblichen LED-Schrank- und Einbauleuchten gibt es sowohl solche, die für die Netzspannung (Abb. 4.13) als auch solche, die nur für den Batteriebetrieb (Abb. 4.14) ausgelegt sind. Letztere flattern oft als Geschenkartikel in unsere Haushalte oder sind als preiswerte Schnäppchen erhältlich und können leicht zu netzbetriebenen Schrank- und Einbauleuchten umfunktioniert werden.

Das folgende Beispiel der kleinen LED-Leuchte aus Abb. 4.14 zeigt, wie bei ihrer Umrüstung auf Netzbetrieb vorgegangen wird:

Als Erstes ist festzustellen, wie hoch die ursprüngliche Batteriespannung ist. Nachdem man sich

Abb. 4.13 – Schrank- und Einbauleuchten sind in verschiedenen Ausführungen und Größen erhältlich. (Foto: Conrad Electronic)

Abb. 4.14 – Kleinere, batteriebetriebene LED-Leuchten können bei Bedarf leicht für den Netzbetrieb umfunktioniert werden.

Zugang zu den Batterien der Leuchte (nach Abb. 4.15) verschafft hat, zeigt sich: In der Leuchte befinden sich drei Batterien „AAA" à 1,5 Volt in Serie angeordnet. Die Leuchte benötigt also eine 4,5-Volt-Versorgungsspannung – und es sollte eine stabilisierte oder zumindest geregelte Gleichspannung sein. Man muss daher entweder ein stabilisiertes Netzgerät als Fertigprodukt verwenden oder es nach Abb. 4.18 selbst herstellen.

Abb. 4.15 – Für die Spannungsversorgung der LED-Leuchte aus Abb. 4.14 sind drei Alkalibatterien à 1,5 V zuständig (Rückseitenansicht).

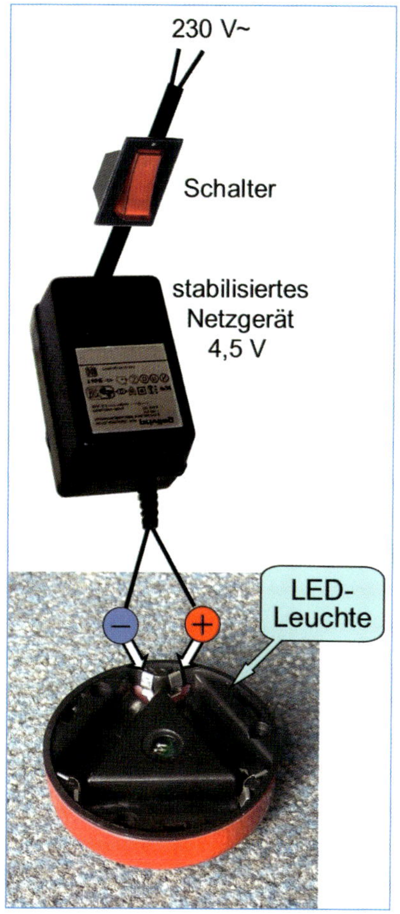

Abb. 4.16 – Anstelle der Batterien kann ein kleines stabilisiertes Netzgerät die Stromversorgung übernehmen.

4.3 LED-Schrank- und Vitrinen-Einbauleuchten

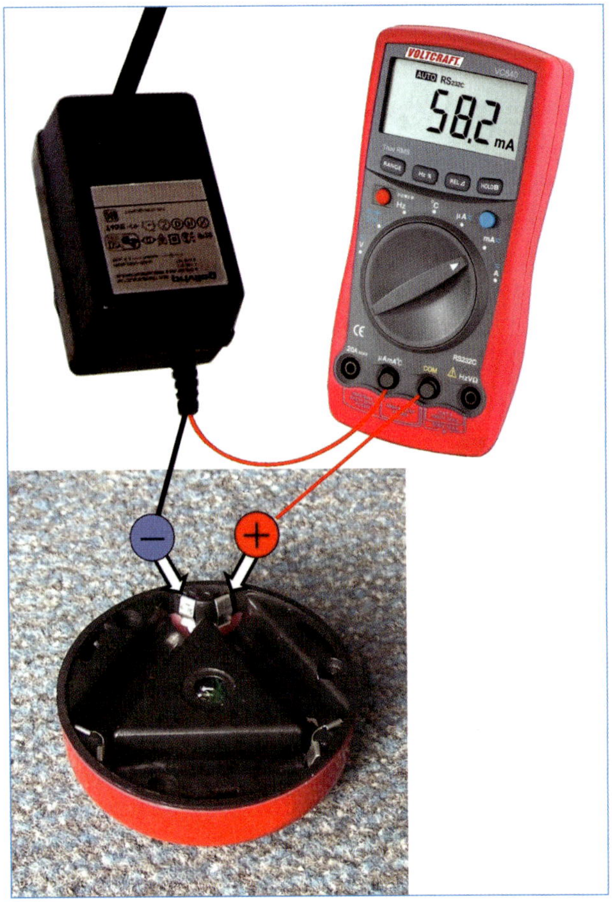

Abb. 4.17 – Ermittlung des Stromverbrauchs der LED-Leuchte mit einem Multimeter.

Hinweise zu Abb. 4.18

Der Netztransformator und die Gleichrichterdioden stellen eine Standardschaltung dar, der Sie in diesem Buch im Zusammenhang mit weiteren Selbstbauanleitungen wiederholt begegnen werden. Da es keine 4,5-Volt-Spannungsregler gibt, wurde hier ein 3,3-Volt-Spannungsregler verwendet. Seine *Ausgangsspannung* wird auf die erforderlichen 4,5 V um einen *Spannungsverlust* (Sperrspannung) von ca. 1,5 V erhöht, der auf den Dioden D1/D2 (insgesamt) entsteht. Die Schottky-Diode D2 sollte optimal eine Sperrspannung von maximal 0,3 Volt haben. Damit würde die LED-Versorgungsspannung etwa 4,6 Volt betragen. Das ist im Limit. Es könnte sich evtl. herausstellen, dass die LEDs auch dann ausreichend kräftig leuchten, wenn D2 ganz entfällt. Einige Zenerdioden weisen nämlich eine etwas höhere Sperrspannung auf, als ihre Bezeichnung andeutet, wodurch sich die stabilisierte Ausgangsspannung möglicherweise bis über von 4,4 Volt erhöht.

Mit einem stabilisierten Netzgerät nach Abb. 4.16 lässt sich das Vorhaben am schnellsten realisieren. Offen bleibt hier nur die Frage, welchen Strom eine solche Leuchte bezieht und wie viele Leuchten man auf diese Weise parallel betreiben möchte. Die Antwort darauf lässt sich durch Messen des Stromverbrauchs an einer der LED-Leuchten ermitteln (siehe Abb. 4.17). Die hier gezeigte Leuchte bezieht einen Strom von 58,2 mA (aufgerundet ca. 60 mA).

Das stabilisierte Selbstbau-Netzgerät aus Abb. 4.18 reicht für den Parallelbetrieb dreier solcher LED-Leuchten aus. Durch eine entsprechende Erhöhung der Leistung oder der Sekundärspannung des verwendeten Transformators kann

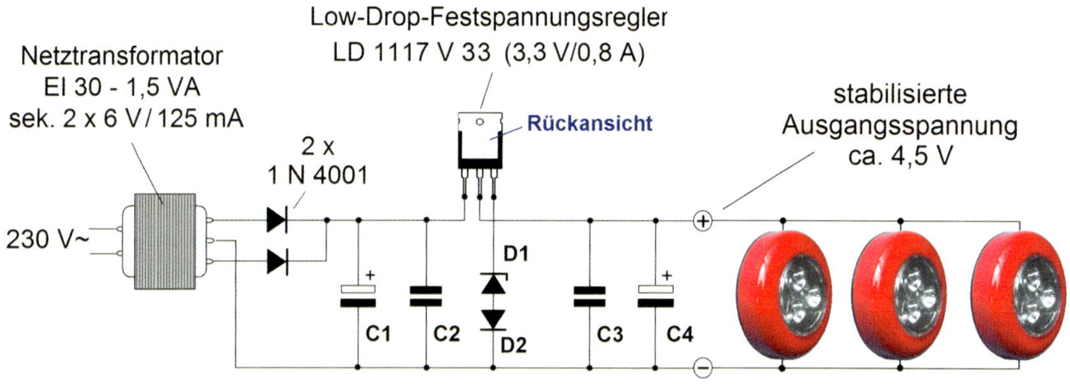

C1: 10 µF/20 V; C4: ca. 47 µF/16 V
C2 und C3: Keramische Scheibenkondensatoren 100 nF
D1: Zener-Diode ZPY 1 V, D2 (falls notwendig): Schottky-Diode SB 130 oder BYV 26 D u. Ä.

Abb. 4.18 – Ein kleines Selbstbau-Netzgerät für bis zu 3 LED-Leuchten à 4,5 V/60 mA reicht aus.

ein solches Netzgerät auch für andere LED-Leuchten (= für andere Spannungen und Ströme) modifiziert werden.

Ist es erwünscht, dass sich eine solche LED-Beleuchtung beim Öffnen einer Schranktür oder einer Schrankklappe automatisch einschaltet, kann zu diesem Zweck ein handelsüblicher *Truhenschalter* (Abb. 4.19) verwendet werden. Dieser Schalter ist speziell für solche Zwecke vorgesehen.

Falls bereits eine Schrank- oder Vitrinenbeleuchtung besteht, aber mit herkömmlichen Glühlampen arbeitet, können diese einfach durch kleine LED-Leuchten ersetzt werden, die ein entsprechendes Gewinde (meist E14) haben und für 230 V~ ausgelegt sind (Abb. 4.20). Auch für Neuinstallationen können diverse herkömmliche Schrankleuchten verwendet werden, die für 230 V~ ausgelegt sind und in die eine 230-Volt-LED-Leuchte passt. Diese Lösung hat den Vorteil, dass hier das Netzgerät entfällt, für das nicht immer der erforderliche Platz zur Verfügung steht.

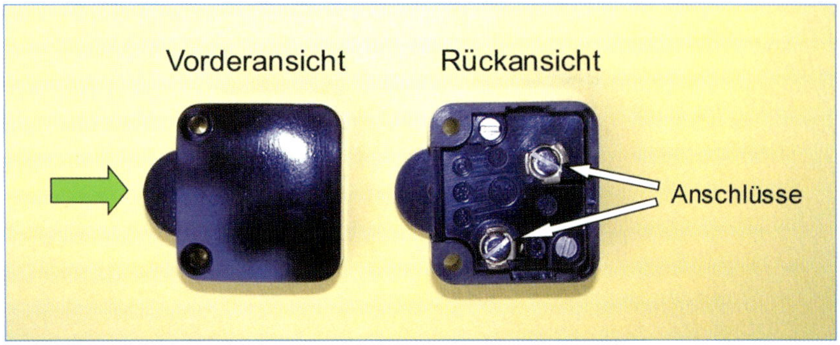

Abb. 4.19 – Ein *Truhenschalter* ist speziell als Möbellichtschalter konzipiert.

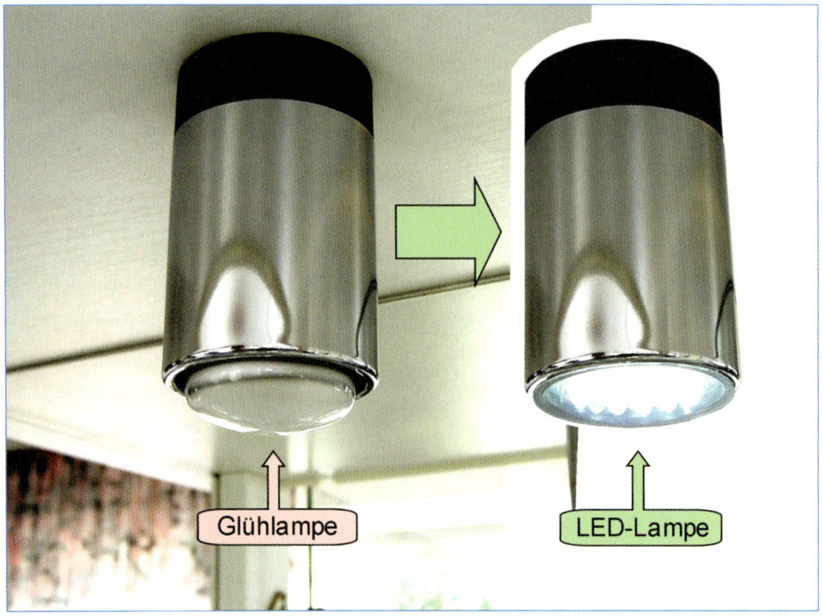

Abb. 4.20 – Herkömmliche Schrankleuchten-Glühlampen können oft durch passende (230 V--)LED-Leuchtmittel ersetzt werden.

5 Selbstbauprojekte

Viele der vorhergehenden Beispiele reichen für den Selbstbau verschiedenster Vorhaben aus. Von der individuellen Fantasie und den technischen Möglichkeiten hängt dann ab, was mit den Leuchtdioden ansonsten noch realisiert werden kann. Es folgen einige Beispiele interessanter Selbstbauprojekte, die auch zur Inspiration dienen sollen.

5.1 Selbstbau-Deckenleuchte

Wünscht man von einer LED-Deckenleuchte, dass ihre Leuchtkraft annähernd so hoch ist wie die einer herkömmlichen Glühlampenleuchte, kann als Referenz den Glühlampen-Lichtstrom dienen: Der Lichtstrom eines Deckenleuchters mit fünf Glühlampen à 60 Watt beträgt ungefähr 3.650 Lumen (5 × 730 lm = 3.650 lm). Um zu entscheiden, welche und wie viele LEDs benötigt werden, um den gleichen Lichtstrom zu erhalten, muss man auf Lichtstrom, Abstrahlwinkel und Lichtfarbe der LEDs achten. Auch der Preis spielt bei der Entscheidung sicher eine Rolle.

Interessant wären bei dem gegenwärtigen Angebot z. B. die warmweißen LEDs der Type *L2K2-PWW4-U00*. Sie bieten laut Katalog einen Lichtstrom von stolzen 130 lm bei einem I_F von 1.000 mA.

Ausgehend von dem Lichtstrom des Glühlampenleuchters (von 3.650 lm) würde man etwa 28 dieser LEDs benötigen, um die gleiche Lichtintensität zu erhalten (20 LEDs × 130 lm = 3.640 lm).

Die Verschaltung dieser LEDs sollte sich einer einfachen Versorgungsspannungsquelle unterordnen. Wegen der leichteren Kühlung

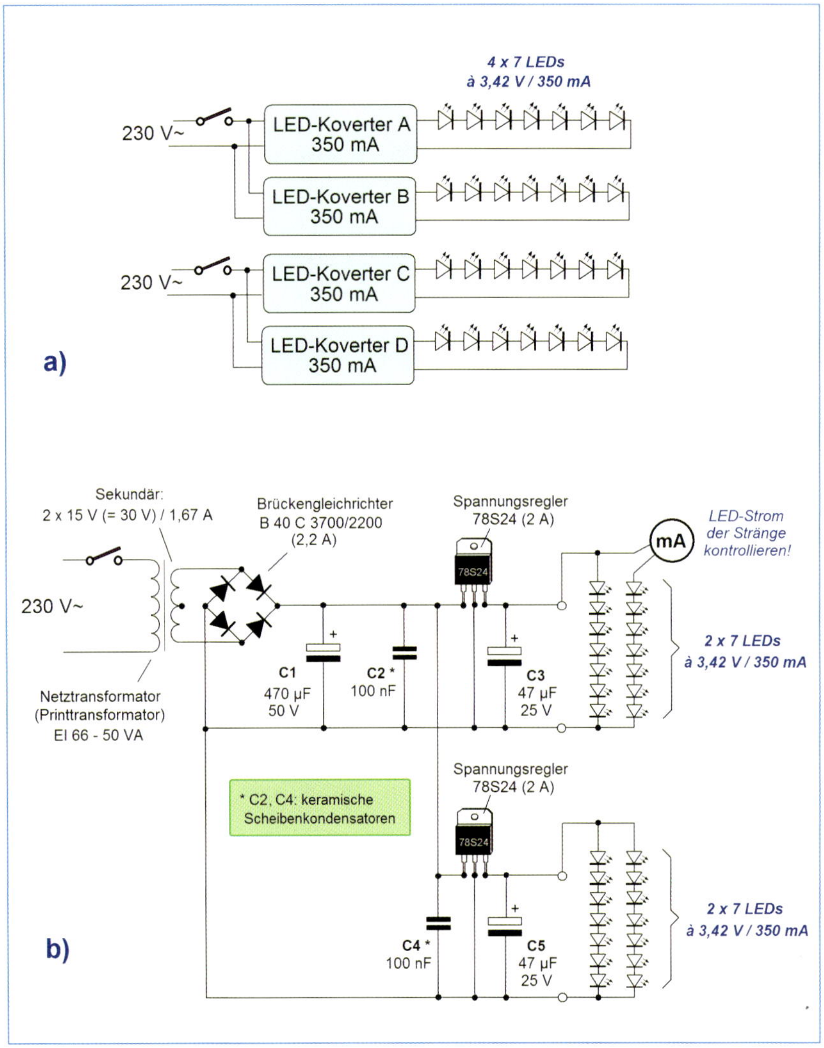

Abb. 5.1 – Zwei Beispiele der Stromversorgung einer Selbstbau-LED-Deckenleuchte, die aus 28 LEDs besteht: **a)** mit handelsüblichen Konvertern; **b)** mithilfe einer Selbstbau-Stromversorgung.

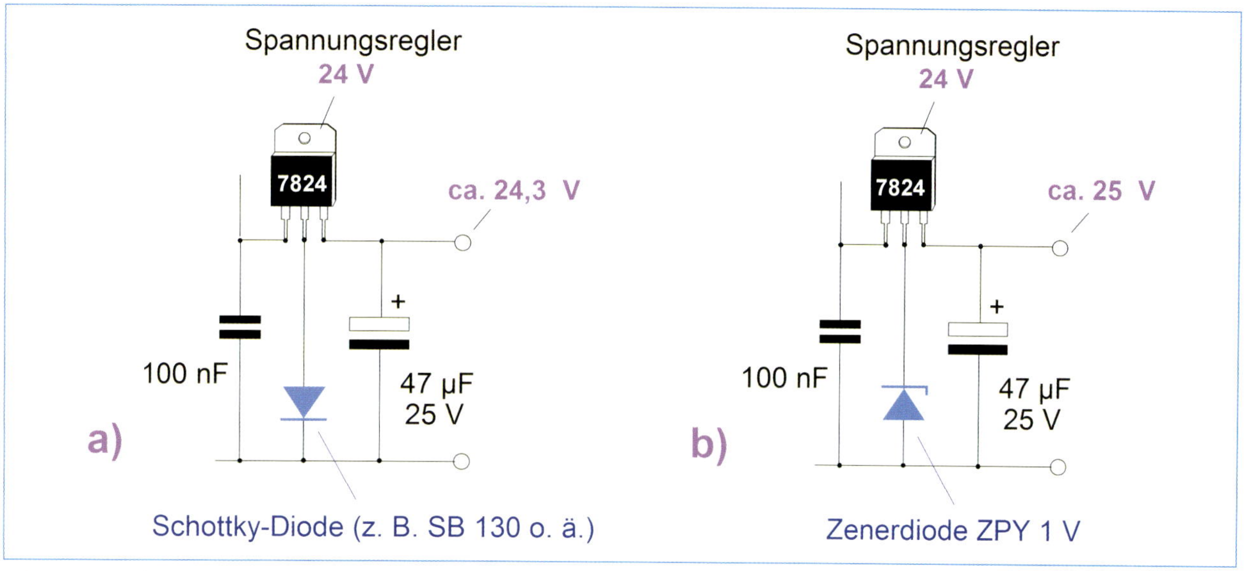

Abb. 5.2 – Erhöhung der stabilisierten Spannung: **a)** mit einer Schottky-Diode; **b)** mit einer Zenerdiode

sollte man besser nur 350 mA verwenden. Dabei geht man folgendermaßen vor:

a) 28 LEDs × 3,42 V = 95,76 V (als die Summe der einzelnen U_F der LEDs). Würde man alle 28 LEDs in Reihe verlöten, müsste die Versorgungsspannung theoretisch die 95,76 V betragen. Praktisch würde es Probleme geben, denn durch die Herstellungsstreuung sind die Parameter der einzelnen LEDs nicht exakt gleich und die Versorgungsspannung würde sich demzufolge unter die einzelnen LEDs nicht ausreichend ausgewogen verteilen. Somit würde auch die Lichtintensität der LEDs Unterschiede aufweisen, die bei nicht vorselektierten LEDs unter Umständen sogar optisch wahrnehmbar wären. Abgesehen davon muss ohnehin noch die Frage nach der Stromversorgung geklärt werden.

b) Man hat die Wahl zwischen einer Stromversorgung mit 350- oder 700-mA-Konstantstromquellen-Bausteinen und einem Selbstbau-Netzteil. Einfach ist hier eine Lösung nach Abb. 5.1a: Man teilt das Lichtfeld in vier Stränge mit je 7 LEDs ein und verwendet entweder vier separate 350-mA-Konstantstromquellen (wie eingezeichnet) oder alternativ nur zwei 700-mA-Konstantstromquellen. Die zweite Lösung würde eine gezielte Vorselektion der LEDs erfordern, um zu vermeiden, dass sich der geregelte Strom von 700 mA nicht exakt in 2 x 350 mA pro Strang verteilt. Bei der Lösung nach Abb. 5.1b) wird eine inzwischen bekannte Selbstbau-Spannungsregelung angewendet, bei der die LEDs in 2 x 2 Stränge eingeteilt sind. Man könnte hier alternativ auch vier separate Spannungsregelungen – für jeden LED-Strang eine eigene (nach dem Prinzip aus Abb. 5.1a) – errichten. Dann könnten die Versorgungsspannungen bei Bedarf individuell so eingestellt werden, dass jeder LED-Strang Strom von genau 350 mA bezieht. In dem Fall würde man jeweils nur 1-A-Festspannungsregler (der Type 7824) anwenden und bei Bedarf nach dem Prinzip aus Abb. 5.2 die stabilisierte Spannung der einzelnen Sektionen so erhöhen, dass der Abnahmestrom der LEDs annähernd auf die 350 mA ansteigt. Die in Abb. 5.2 eingezeichnete Schottky-Diode erhöht (je nach Type) die stabilisierte Spannung um ca. 0,3 V. Zwei solche Dioden in Reihe erhöhen sie um ca. 0,6 Volt. Wird anstelle der Schottky-Diode eine „normale" Silizium-Gleichrichterdiode angewendet, erhöht sich die stabilisierte Ausgangsspannung um ca. 0,7 bis 0,9 V usw. Eine Erhöhung der Ausgangsspannung um 1 V wird durch Einlöten einer 1-Volt-Zenerdiode (in Gegenrichtung) erzielt usw.

Von der Einteilung der LED-Stränge hängt auch ab, in wie vielen Sektionen die Beleuchtung unabhängig geschaltet werden kann. Sollten z. B. bei der Lösung nach Abb. 5.1b) die LEDs als zwei unabhängige Sektionen geschaltet werden, müssten anstelle des einen großen Transformators zwei kleinere Transformatoren (EI 60 – 25 VA • 2 x 15 V/0,83 a) und zwei „kleinere" Gleichrichter (B 40 C 1500 oder B 40 R) verwendet werden.

Das Design der LED-Deckenleuchte ist eine Frage des Geschmacks und der Handfertigkeit des Bastlers. Die Leuchte kann z. B. die Form einer runden Scheibe oder eines Siebenecks haben und die LEDs können als konzentrische Kreise verteilt werden. Ein Problem ist hier die Erwärmung und das rückseitige Anbringen der Kühlkörper an die LEDs.

Ein einfacher Einbau der LEDs in z. B. eine Plexiglasscheibe ist bei diesen Hochleistungs-LEDs nicht zu empfehlen. Das ganze Kunstwerk würde schmelzen. Aluminium- oder Messingblech ist für ein solches Vorhaben günstiger, aber die LEDs müssen in die Leuchterplatte elektrisch gut isoliert eingesetzt werden. So gesehen ist es vorteilhafter, wenn die LEDs z. B. nur in der Form eines „Sternenhimmels" an der Decke installiert werden. Dies lässt sich allerdings nur an Rigips oder Holzdecken, nicht aber an Betondecken realisieren.

5.2 LED-Treppenbeleuchtung

Im Gegensatz zu dem vorhergehenden Projekt können für die Treppenbeleuchtung Fertigleuchten verwendet werden, die entweder an die Wand montiert oder vertieft in das Mauerwerk eingelassen werden. Praktische Auskünfte zu einem einfachen Anschluss der Wandleuchten an bereits vorinstallierte Stromzuleitungen finden Sie in Kapitel 7. Eine etwas komplizierte, aber sehr beliebte Lösung ist eine Treppenbeleuchtung mit LED-Leuchten, die nach Abb. 5.3a) oberhalb der Treppen im Mauerwerk eingelassen sind. Die passenden LED-Leuchten (Abb. 5.3b) bis d)) sind für eine 12-Volt-Betriebsspannung und mit einer internen Elektronik ausgelegt, die wahlweise einen Anschluss an 12-Volt-Wechsel- oder Gleichspannung erlaubt. Bei einer Kombination mit dem Wechselspannungshausnetz genügt es, wenn die Leuchten ihre 12-Volt-Spannung über einen beliebigen Transformator beziehen, dessen Sekundär-

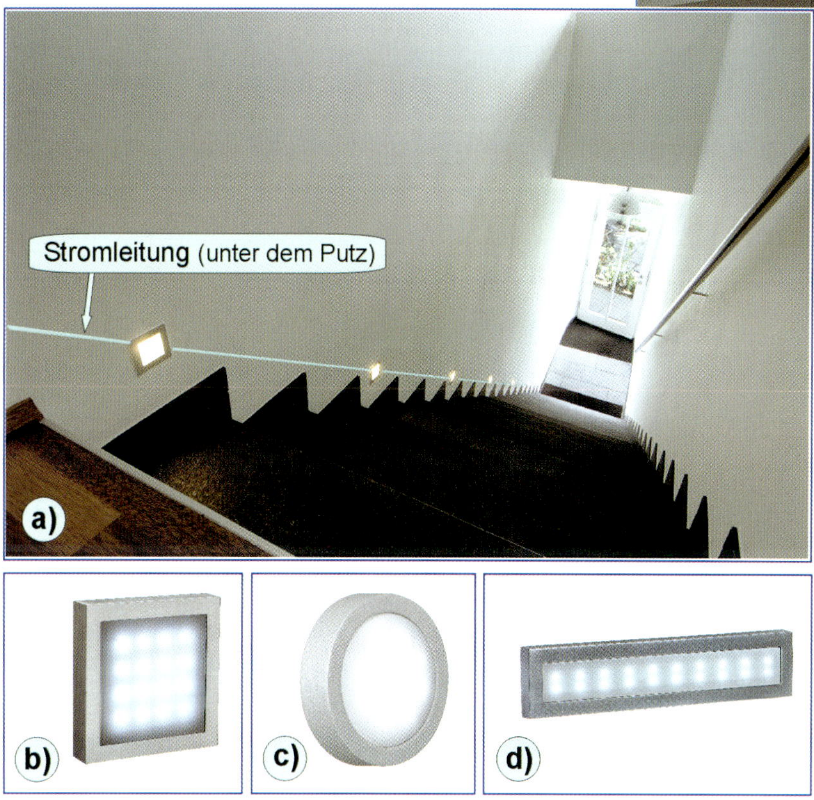

Abb. 5.3 – a) Beispiel einer LED-Treppenbeleuchtung; b) bis d) flache LED-Wandleuchten (Fotos/Anbieter: Conrad Electronic)

strom dem typenbezogenen Bedarf der Leuchte gerecht wird. Es liegt im persönlichen Ermessen, ob dabei jede LED-Leuchte ihren eigenen Transformator erhält, oder ob sich mehrere Leuchten einen gemeinsamen teilen, wie das Beispiel aus Abb. 5.4 zeigt. Näheres zu der eigentlichen Elektroinstallation finden Sie in den Kapiteln 6 und 7.

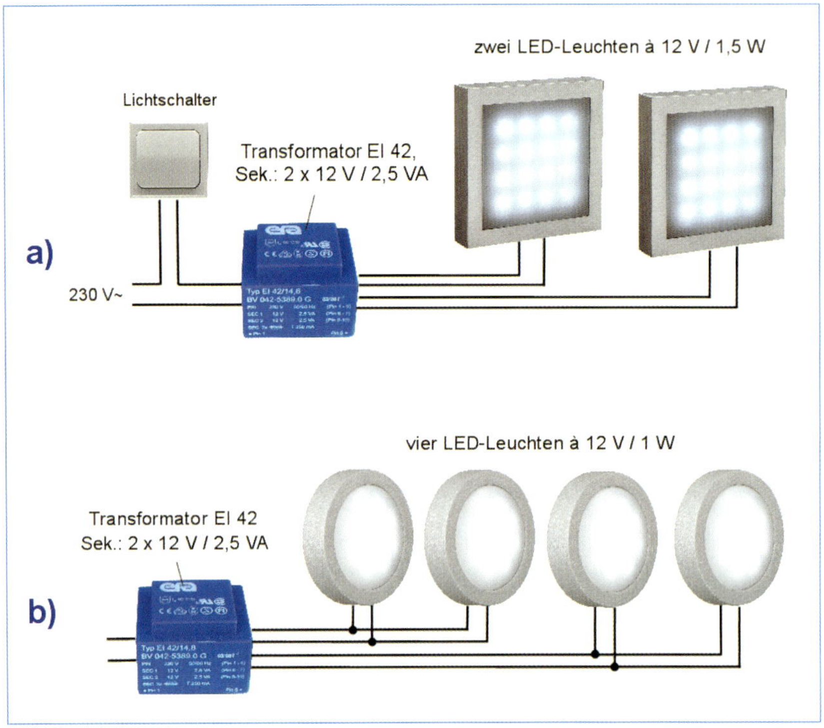

Abb. 5.4 – Viele der handelsüblichen LED-Leuchten sind für eine 12-Volt-Betriebsspannung ausgelegt und können ihren Strom über beliebige kleine Transformatoren beziehen: **a)** Zwei LED-Leuchten teilen sich einen gemeinsamen Transformator; **b)** die Abnahmeleistung dieser Leuchten beträgt nur 1 Watt, daher können jeweils 2 x 2 Leuchten parallel an jede Sekundärwicklung des Transformators angeschlossen werden.

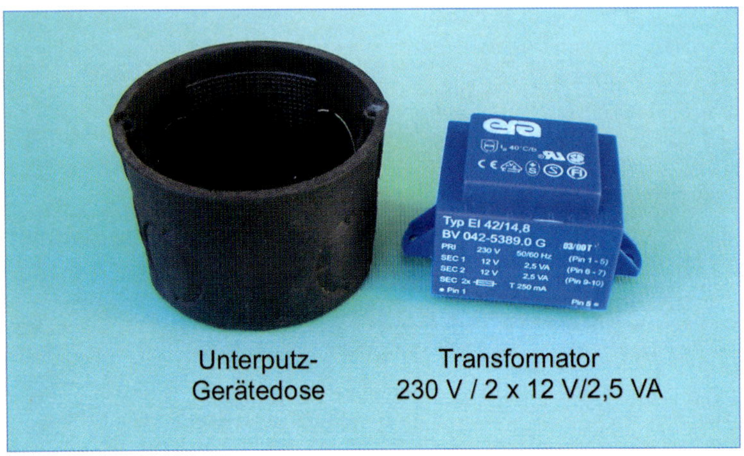

Abb. 5.5 – Kleine Transformatoren passen gut in eine Unterputz-Gerätedose, die wahlweise entweder nahe der Raumdecke oder auch hinter der Leuchte in der Mauer untergebracht werden können.

5.3 Hintergrundbeleuchtung für den Fernseher

Eine einfache Hintergrundbeleuchtung für den Fernseher kann in Form einer selbsttragenden Konstruktion nach Abb. 5.6a/b erstellt werden. Sehr gut eignen sich auch SuperFlex-Leisten für diesen Zweck.

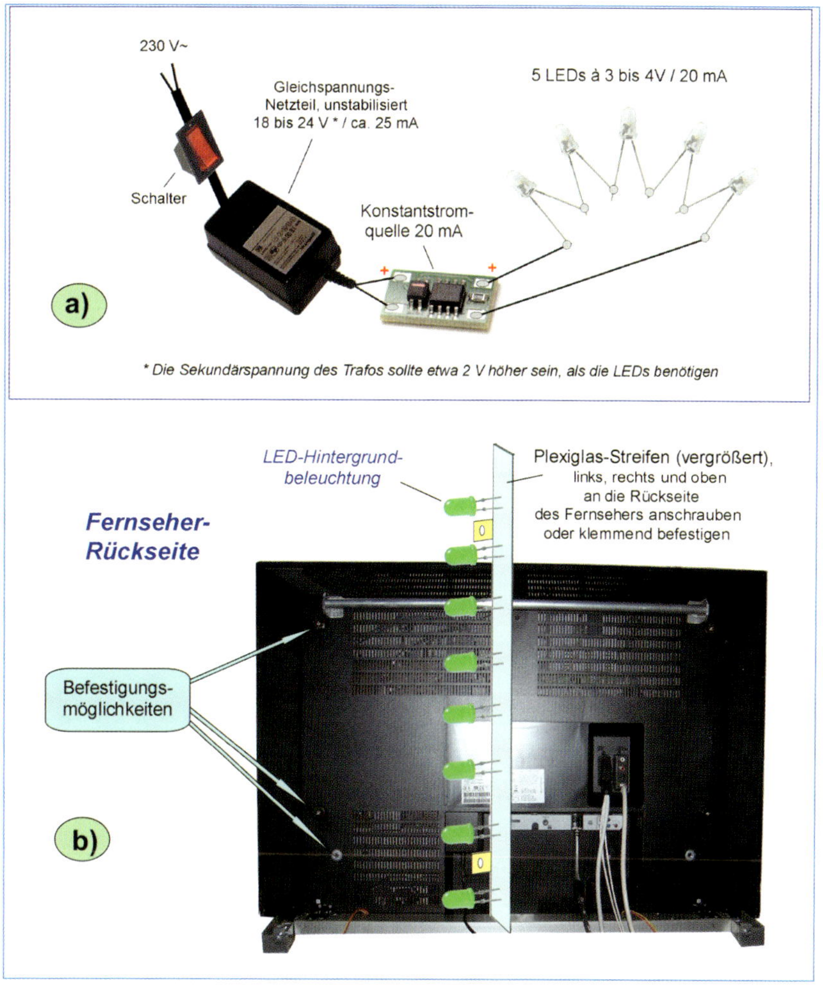

Abb. 5.6 – a) Beispiel einer einfachen, selbsttragenden Konstruktion einer Fernseher-Hintergrundbeleuchtung mit superhellen LEDs; b) Detail einer alternativen LED-Hintergrundbeleuchtung, bei der die LEDs an Plexiglasstreifen angebracht sind, die an die Fernseher-Rückwand fest angeschraubt werden können (eingezeichnet wurde hier nur einer der erforderlichen drei LED-Streifen)

5.4 LED-Hausnummer

Eine aus grünen 2-V-/4-mA-Low-Current-LEDs erstellte Hausnummer nach Abb. 5.7 kann z. B. für eine Versorgungsspannung von 6 Volt ausgelegt sein. Es ist nicht notwendig, dass die LEDs mit ihrer maximalen Intensität strahlen. Ihre Versorgungsspannung muss daher nicht unbedingt so eingestellt werden, dass die LEDs ihren vollen I_F-Strom beziehen. Man kann sich vielmehr nach subjektivem Ermessen mit einer etwas geringeren Lichtstärke zufriedengeben, die durch Einstellung der Versorgungsspannung ermittelt werden kann.

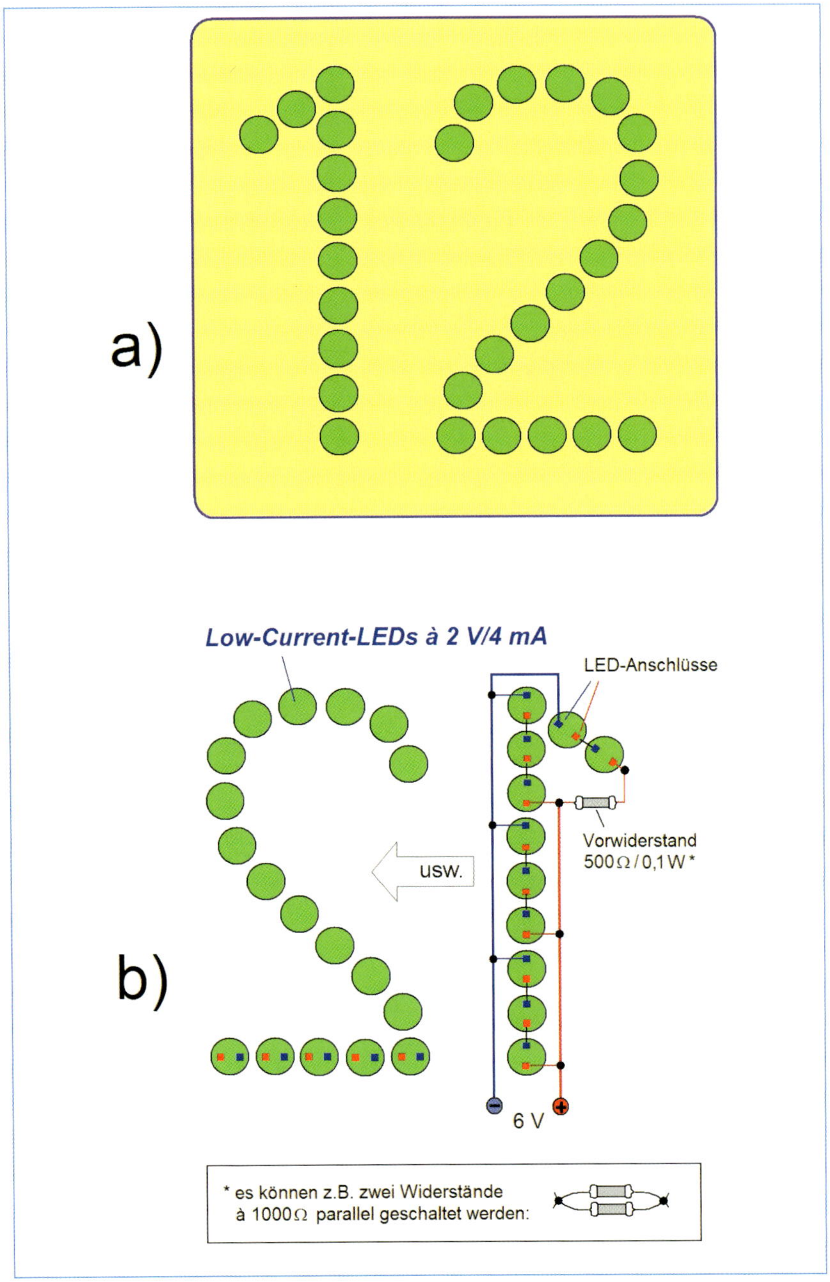

Abb. 5.7 – Ausführungsbeispiel einer leuchtenden LED-Hausnummer: a) Vorderansicht; b) Rückseitenansicht mit teilweise in Reihe verlöteten LEDs.

6 Anschluss der LED-Leuchten an das 230-Volt-Hausnetz

Nur bei sehr wenigen handwerklichen Heimarbeiten kann die Gefahr eines Unfalls so einfach vermieden werden wie bei der Arbeit mit elektrischem Strom: Er lässt sich einfach abschalten. Zudem kann mit einem preiswerten Phasenprüfer jederzeit überprüft werden, ob ein Schalter oder ein Leiter tatsächlich stromfrei ist.

Vor der Arbeit an einer elektrischen Leitung (unter anderem beim Auswechseln einer Leuchte, eines Lichtschalters oder einer Steckdose) müssen Sie den entsprechenden Sicherungsautomaten ausschalten. Damit Sie auch sicher sind, dass Sie den richtigen Stromkreis ab-

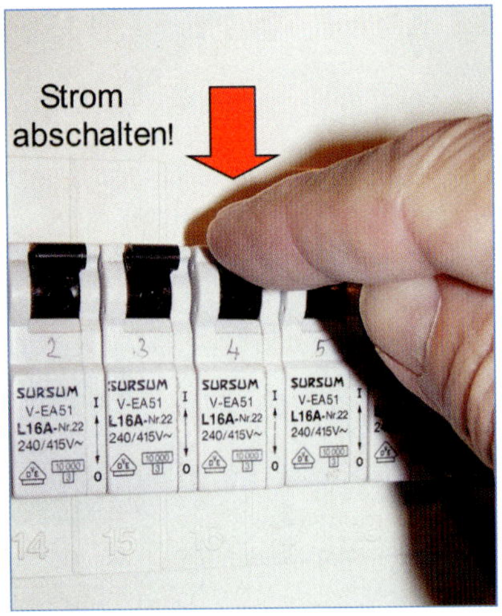

geschaltet haben, sollten Sie sich mit einem Phasenprüfer (Abb. 6.1) vergewissern, dass alle Leitungen, an denen Sie arbeiten wollen, auch tatsächlich stromfrei sind.

Wie Abb. 6.2 zeigt, ist von den drei Leitern, die für einen Steckdosen- oder Leuchtenanschluss erforderlich sind, nur die Phase (der *Außenleiter*) gefährlich. Bei der Arbeit mit elektrischem Strom hat Vorsicht den Vorrang. Elektrischer Strom ist zwar nicht sichtbar, lässt sich aber mit einem Phasenprüfer leicht sichtbar machen.

Mitunter kommt es vor, dass ein empfindlicher Phasenprüfer elektrische Spannung an einem Leiter anzeigt, der tatsächlich stromfrei ist. Dies kann vorkommen, wenn sich auf einen Leiter eine an sich unge-

Abb. 6.1 – Bevor Sie mit einem Phasenprüfer den Stromkreis testen, in dem kein Strom sein dürfte, sollten Sie sich z. B. an einer Steckdose, die in einem anderen Raum unter Strom ist, unbedingt vergewissern, dass der Phasenprüfer auch tatsächlich funktioniert.

Wichtig

Einige der preiswerten Phasenprüfer zeigen die elektrische Spannung nur mit einem kleinen Glimmlämpchen an, dessen Licht in einem hellen Raum nicht immer gut zu erkennen ist. Akustisch warnende Phasenprüfer (Spannungsprüfer) sind vorteilhafter und nicht teuer (Abb. 6.3).

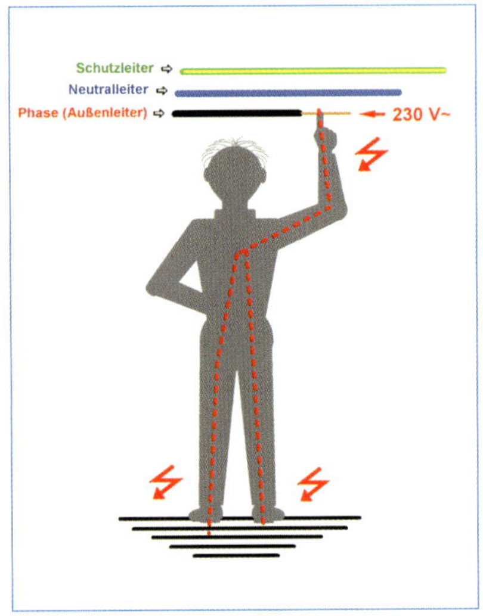

Abb. 6.2 – Gut zu wissen: Von den elektrischen Leitern, die für einen Steckdosen- oder Leuchtenanschluss erforderlich sind, ist nur einer gefährlich: die Phase (Außenleiter).

Abb. 6.3 – Der preiswerte Spannungsprüfer (Phasenprüfer) von Conrad Electronic zeigt mit einer LED und einem Summer auch berührungslos die Anwesenheit einer Spannung an. Außerdem kann er metallische Teile (Leitungen oder Betonstahl) in Wänden und Decken aufspüren.

fährliche Spannung durch Induktion überträgt, er also z. B. neben einem Leiter liegt, der unter Spannung ist. In solchen Situationen hilft am besten ein *zweipoliger Spannungstester* (Abb. 6.4), mit dem man sich leicht Klarheit verschaffen kann: Wird ein solcher Spannungstester mit einem Pol auf den Neutralleiter und mit anderem Pol auf den „verdächtigen" Leiter gehalten, zeigt er an, ob dieser Leiter unter Spannung steht oder nicht. Anstelle eines zweipoligen Spannungstesters kann allerdings auch ein Multimeter (Spannungsbereich 300 V~) verwendet werden. Er ist aber nicht strapazierfähig und bei Elektroarbeiten unhandlich.

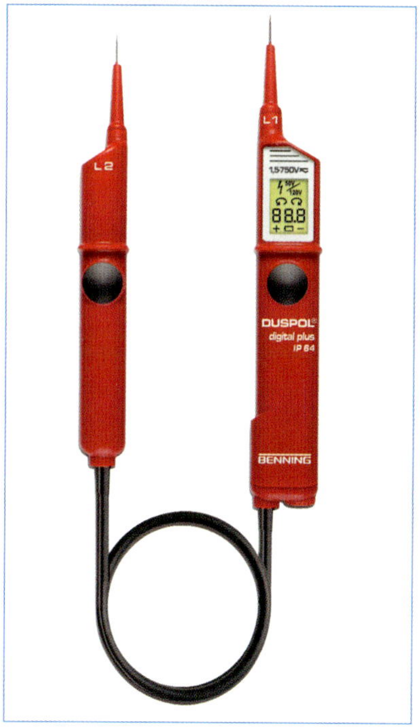

Abb. 6.4 – Zweipolige Spannungstester sind in großer Auswahl erhältlich und verschaffen bei Elektroarbeiten blitzschnell Klarheit über den „Stand der Dinge".

6 Anschluss der LED-Leuchten an das 230-Volt-Hausnetz

6.1 Die Einteilung der Stromleitungen im Hausnetz

Im Zusammenhang mit unserem Themen spielt das Hausnetz eine wichtige Rolle, denn man sollte wissen, wie die Stromleitungen angelegt sind und nach welchen Regeln die Einteilung der einzelnen Anschlüsse verläuft. Im Prinzip ist der Unterschied zwischen dem Trinkwasser- und dem Stromanschluss gar nicht so groß. Jeder dieser Anschlüsse hat einen Zähler: einen Wasser- oder einen Stromzähler. Möchte man einen Wasserhahn auswechseln, muss vorher das Wasser abgestellt werden. Möchte man eine Leuchte auswechseln, muss der Strom abgeschaltet werden. Wo? Da gibt es zwei Möglichkeiten: entweder am Hauptschalter oder – was besser ist – am zuständigen Sicherungsautomaten.

Der Stromanschluss erfolgt, bis auf seltene Ausnahmen, mit einem Erdkabel ins Haus hinein und wird an mehreren Stellen mit Sicherungen und Sicherungsautomaten nach dem Beispiel in Abb. 6.5/6.6 gesichert. Dieser Anschluss ist normalerweise als *Drehstromanschluss* (Dreiphasenanschluss) ausgelegt. Wie Abb. 6.5 zeigt, beträgt die Spannung zwischen den Phasen (L1 bis L3) 400 Volt. Nur zwischen jeder der Phasen und dem Neutralleiter beträgt die Spannung 230 Volt.

Der Drehstromanschluss wird in Haushalten meist nur für den Küchenherd verwendet. Er steht aber auch z. B. für Drehstrommaschinen zur Verfügung, die eventuell in Haus und Garten verwendet werden – beispielsweise ein Elektroschweißgerät oder eine Drehmaschine in der Hobbywerkstatt.

Für die Beleuchtung (und Steckdosen) wird jedoch nur eine 230-Volt-Spannung (Wechselspannung) verwendet. Es kommt also nicht vor, dass sich z. B. in einem Deckenleuchteranschluss zwei unterschiedliche Phasen (Außenleiter) befinden, zwischen denen eine 400-Volt-Spannung ist.

Prinzipiell besteht jede Zuleitung zu einer normalen 230-V-Wandsteckdose und zu einer 230-Volt-Leuchte aus drei Leitern: der Phase, dem Neutralleiter und dem Schutzleiter. Wir bleiben bei der herkömmlichen Bezeichnung *Phase*, denn die Bezeichnung *Außenleiter* könnte verwirrend sein.

Abb. 6.6 zeigt an einem einfachen Beispiel, wie die „Verdrahtung" in einem Verteilerschrank (Sicherungsautomatenschrank) angelegt ist. Die Sicherungsautomaten sichern – als Nachfolger der Porzellanschmelzsicherungen – jeweils allein die Phasen. Die Neutralleiter und Schutzleiter werden normalerweise nur mit den Anschlussschienen verbunden. Eine Ausnahme bilden hier die sogenannten FI-Schutzschalter. Im Beispiel von Abb. 6.6 sichert der FI-Schutzschalter die Steckdosen im Bad.

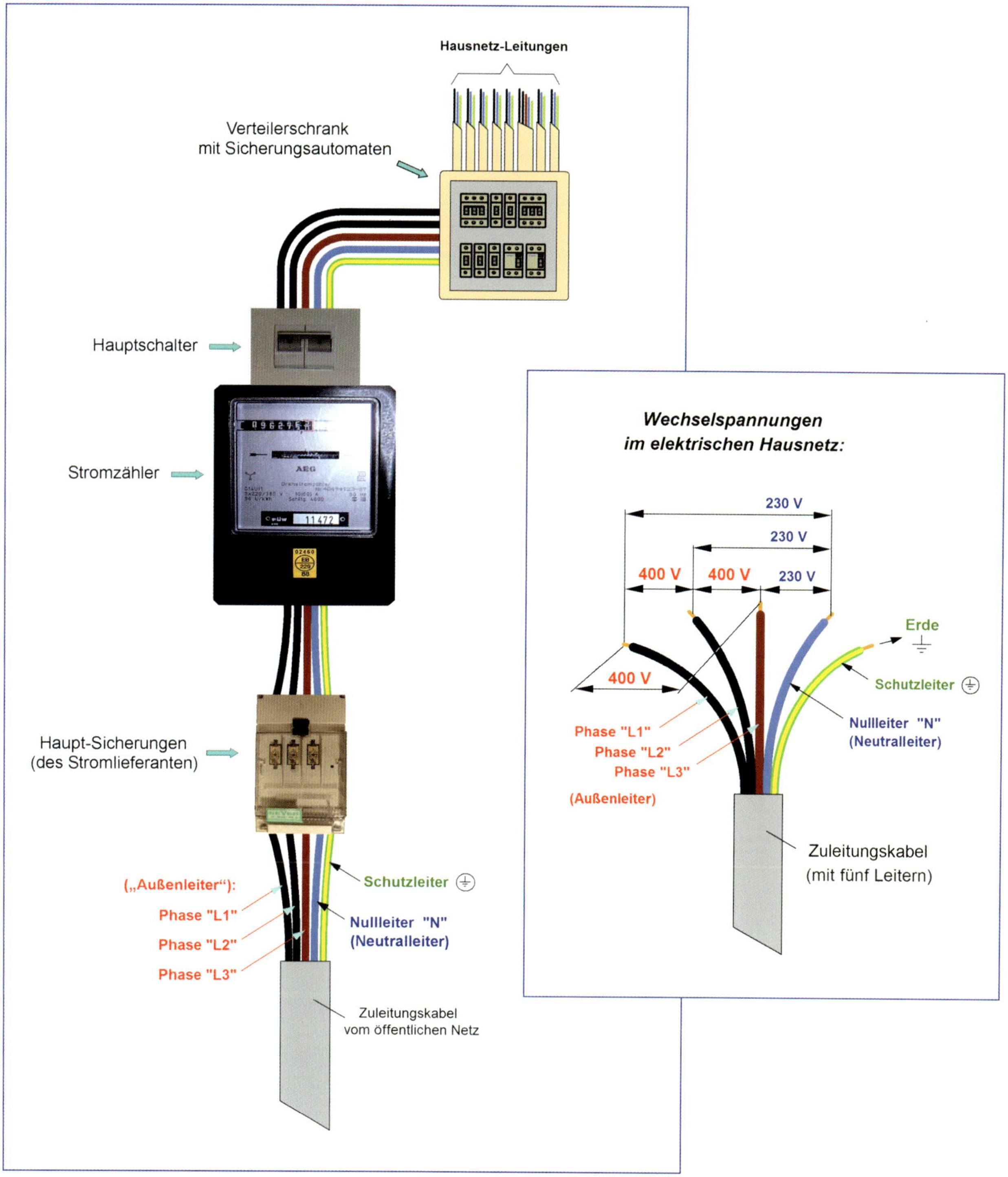

Abb. 6.5 – Der Stromhausanschluss ist in der Regel als *Dreiphasenanschluss* ausgelegt.

6.1 Die Einteilung der Stromleitungen im Hausnetz

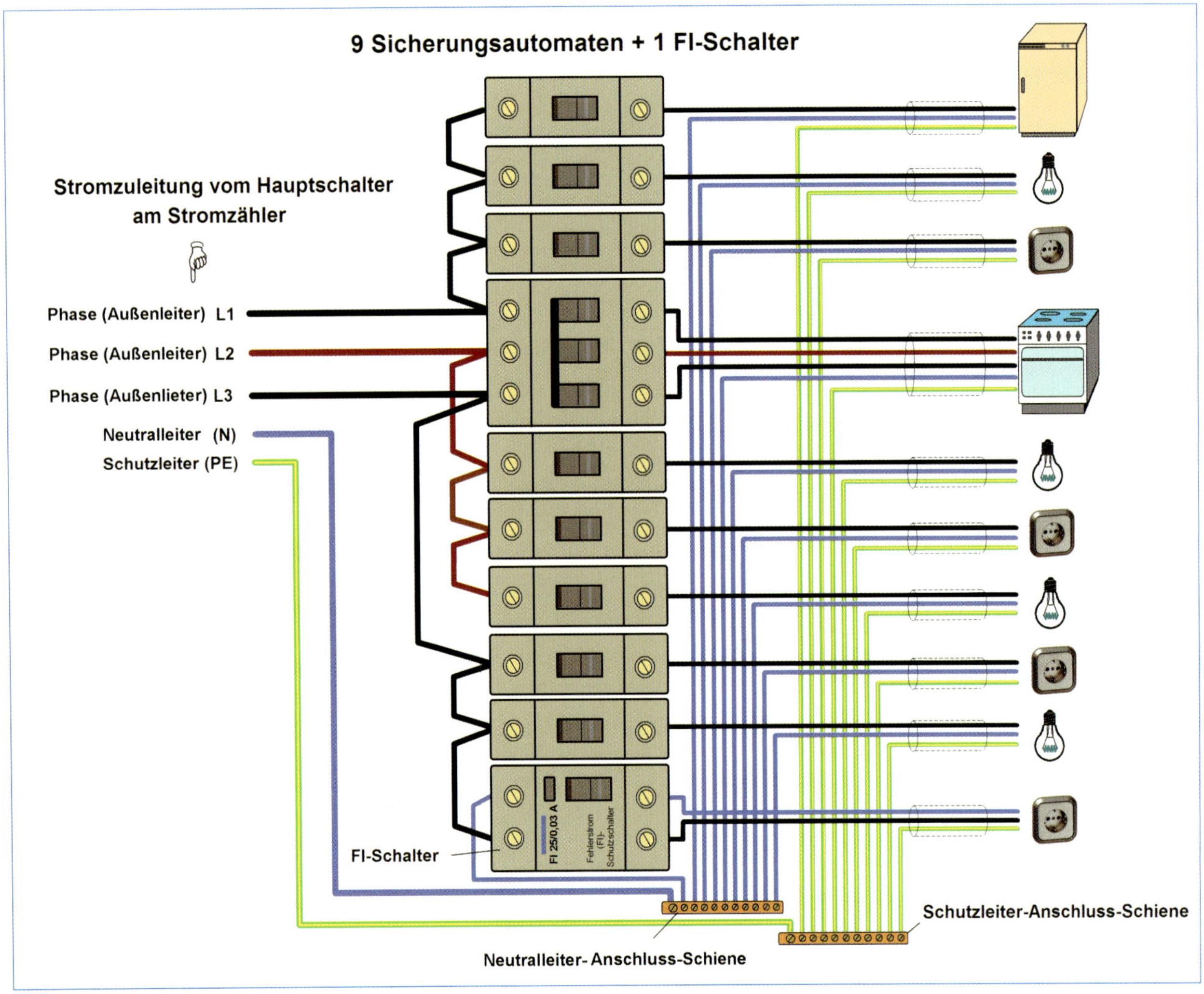

Abb. 6.6 – Beispiel der Verdrahtung der Sicherungsautomaten und Leitungsanschlüsse in einem Verteilerschrank.

Was ist ein FI-Schutzschalter?
Ein FI-Schutzschalter *(Fehlstrom-Schutzschalter)* ist ein Sicherungsautomat (Leitungsschutzschalter), der – ähnlich wie ein normaler Sicherungsautomat – auf Kurzschlüsse oder Überlastungen mit Abschalten reagiert. Er schaltet aber auch dann ab, wenn er nur einen *Stromverlust* wahrnimmt.

Der FI-Schutzschalter erkennt sofort, wenn irgendwo, (z. B. in den Badezimmerleitungen) ein winziger Teil des elektrischen Stromes verloren geht. Er schaltet im gleichen Augenblick den an ihn angeschlossenen Stromkreis ab.

Elektrischer Strom kann z. B. dadurch verloren gehen, dass er über den menschlichen Körper in die Erde oder über einen defekten Lampenanschluss in die Wand fließt. Somit schützt z. B. ein 0,03-Ampere-FI-Schalter den Menschen gegen einen lebensgefährlichen Stromschlag, der vor allem im Badezimmer bei Berührung defekter Netzspannungsgeräte eine Bedrohung darstellen könnte. 0,03 A sind ein Grenzwert, bei dem der Strom noch keine lebensbedrohlichen Folgen für den Menschen hat.

Wenn der elektrische Strom z. B. durch den Glühfaden einer Lampe fließt (siehe Abb. 6.7), erfolgt ein

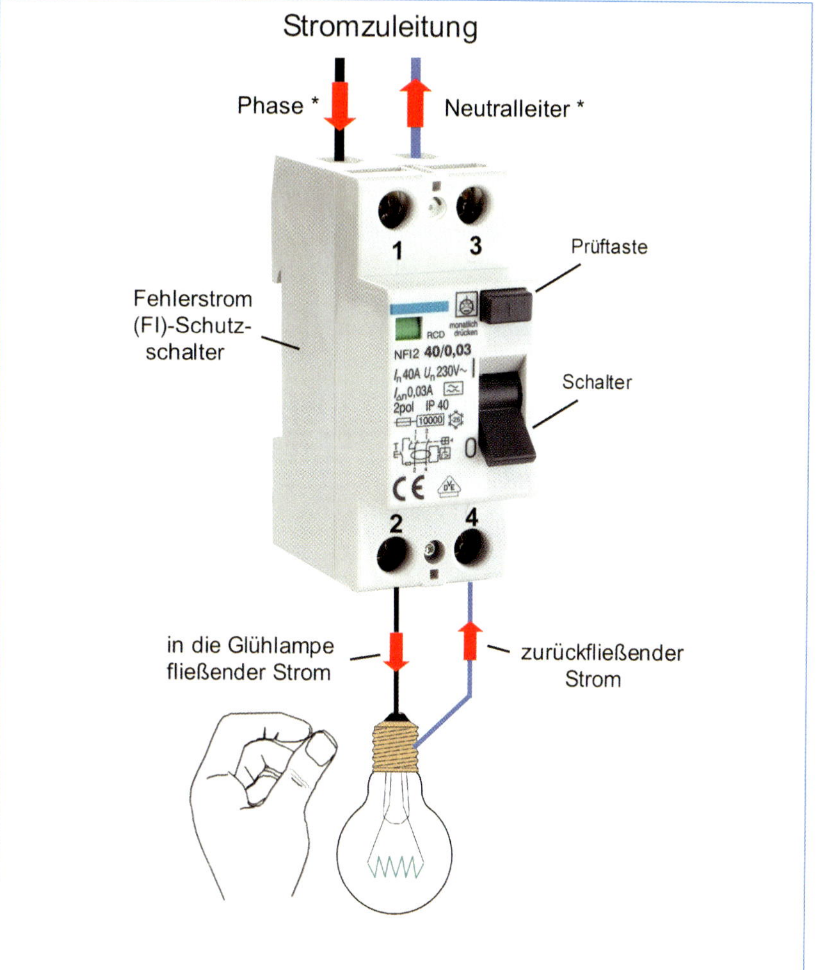

Abb. 6.7 – Ein FI-Schutzschalter schaltet die an ihm angeschlossene Leitung blitzschnell ab, sobald er z. B. wahrnimmt, dass ein winziger Teil des elektrischen Stroms über den Körper eines Menschen oder über eine feuchte Stelle im Gerät bzw. in einer Leuchte in die Wand fließt.

solcher Fluss immer in einer geschlossenen Schleife, die in diesem Fall aus der Phase und aus dem Neutralleiter besteht. Die eingezeichneten Pfeile der Stromrichtung sind hier zwar nur eine Momentaufnahme, denn die Richtung ändert sich 50mal pro Sekunde, aber das spielt in diesem Zusammenhang keine Rolle. Der FI-Schalter kontrolliert genau, ob der Strom, der aus ihm herausfließt, auch wieder ohne Verluste (von z. B. max. 0,03 Ampere) zurückfließt.

Fehlerstrom-Schutzschalter sind mit einer Prüftaste versehen, die sich oberhalb des Ein-/Aus-Schalters befindet. Bei Betätigung der Prüftaste wird ein Testfehlstrom im FI-Schalter simuliert. Ein intakter Schalter muss daraufhin augenblicklich ausschalten. Ab und zu sollte man selbst kontrollieren, ob das Produkt noch funktioniert.

Alle elektrischen Verbraucher, die wir im Haushalt verwenden, sind entweder über einen Schutzleiter geerdet oder verfügen über ein isolierendes Kunststoffgehäuse. Unter normalen Umständen dürfte es daher zu einem Unfall mit elektrischem Strom gar nicht kommen. Unfälle passieren aber sehr oft unter Umständen, die nicht normal oder kalkulierbar sind:

Beispielsweise wurde die Steckdose für die Waschmaschine zwar ordnungsgemäß auch an den Schutzleiter angeschlossen, aber die Klemme des Schutzleiters in einer der Abzweigdosen hat sich im Laufe der Zeit gelockert und der Verbraucher ist seitdem nicht mehr geerdet. Das wäre einer der Defekte, die nicht automatisch entdeckt werden. Oder: Eine Leuchte ist zwar gut geerdet, aber die Zuleitungsphase des Stromanschlusses hat hinter der Leuchte einen direkten (leitenden) Kontakt zu einer Wand, die elektrische Schläge erteilt.

Ein FI-Schutzschalter nimmt den Stromverlust des in die Wand abfließenden Stroms wahr und schaltet den Stromkreis ab, bevor jemand einen Schlag bekommen könnte. Es spielt dabei keine Rolle, welches Leuchtmittel (Glühlampe oder LED) in die Fassung der Leuchte eingeschraubt ist. Nur wenn die LED-Beleuchtung im Bad für eine 12-Volt-Spannung ausgelegt ist, besteht keine Gefahr eines Stromschlags bei dem dafür erforderlichen Transformator. Andernfalls sollte bei Renovierungsarbeiten oder beim Anlegen zusätzlicher Elektroleitungen für eine 230-Volt-LED-Beleuchtung im Bad oder im Wintergarten auf einen FI-Schutzschalter nicht verzichtet werden.

Fehlerstrom-FI-Schutzschalter sind auch in Form von Zwischensteckern erhältlich, die einfach in eine Steckdose eingesteckt werden können, an die man z. B. eine (Selbstbau-)LED-Leuchte anschließen kann. Es gibt auch spezielle Steckdosen, in die ein Fehlerstrom-Schutzschalter bereits eingebaut ist.

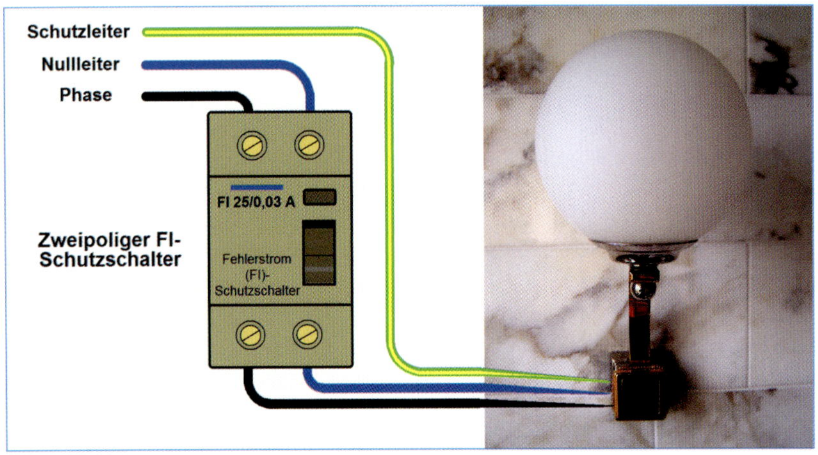

Abb. 6.8 – Anschluss einer Leuchte über einen FI-Schutzschalter

6.2 Leuchte auswechseln?

Wie Abb. 6.9 zeigt, besteht ein Leuchtenanschluss in seiner „Grundkonfiguration" aus drei Leitern. Der Schutzleiter wird jedoch nur dann an die Leuchte angeschlossen, wenn sie elektrisch leitende Teile hat, die der Anwender berühren kann und die bei einem eventuellen Defekt unter Strom stehen könnten. Leuchten, bei denen dies nicht zutrifft, benötigen keinen Schutzleiteranschluss und verfügen daher auch über keine Klemme, an die der Schutzleiter angeschlossen werden könnte. Bei einigen metallischen Leuchten ist die Schutzleiterklemme separat angeordnet (Abb. 6.10).

Wenn Sie eine alte Metallleuchte, die noch einen Schutzleiter brauchte, durch eine neue Leuchte ersetzen, die keinen Schutzleiter mehr braucht, bleibt dieser unangeschlossen. Er darf jedoch nicht abgezwickt werden, denn die nächste Leuchte wird möglicherweise wieder einen Schutzleiter benötigen. Umwickeln Sie in diesem Fall das kahle kupferne Ende des Schutzleiters mit Isolierband, und biegen es so zur Seite, dass es nicht mit anderen Strom leitenden Leitern in Berührung kommen kann.

Deckenleuchten, deren Glühlampen in zwei voneinander unabhängigen Sektionen geschaltet werden können, verfügen über zwei Phasenleiter (Abb. 6.11). Verfügt eine neue Leuchte nur über eine einzige Sektion, bleibt der zweite Leiter als unbenutzte (und abiso-

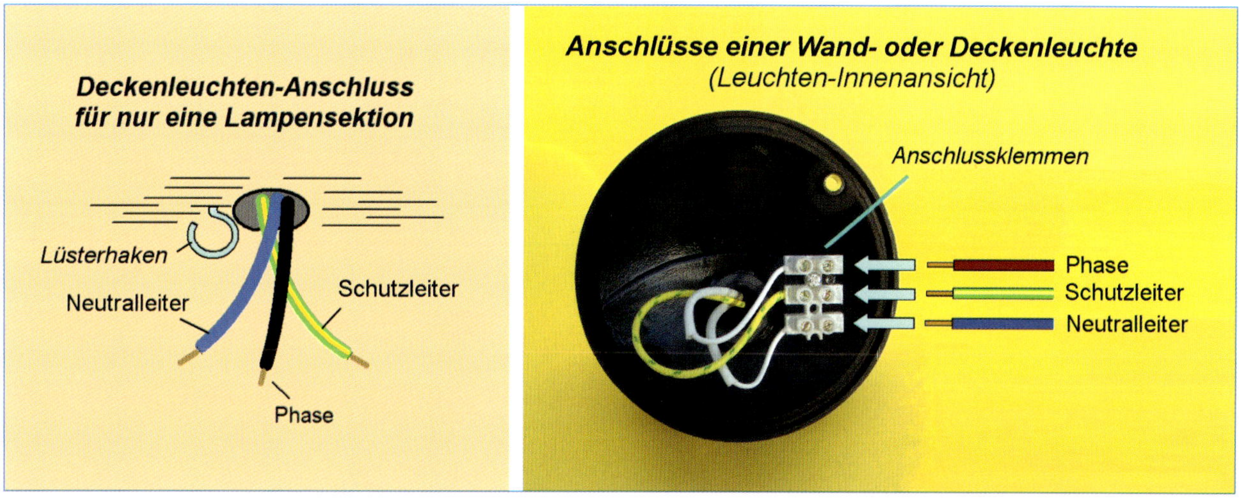

Abb. 6.9 – Der Stromanschluss einer Leuchte besteht in der Grundkonfiguration aus drei Leitern.

6.2 Leuchte auswechseln?

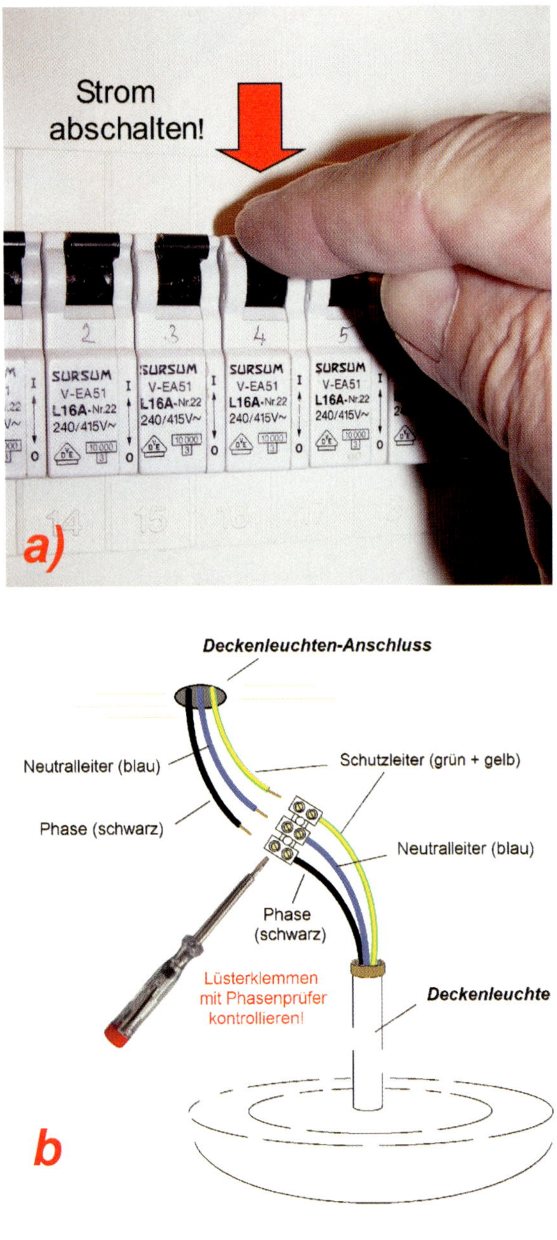

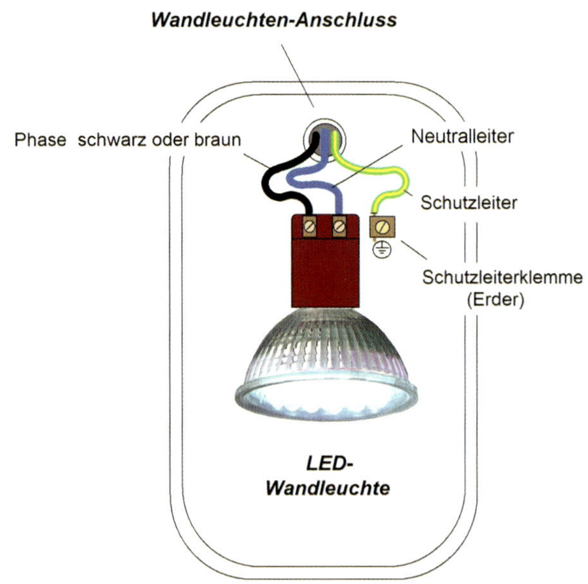

Abb. 6.10 – Manche metallische Leuchten sind mit einer separaten Schutzleiterklemme versehen und die eigentliche Stromzuleitung wird direkt an die Lampenfassung angeschlossen.

Wichtig

Machen Sie es sich zu Gewohnheit, vor jeder Arbeit an der Netzspannung **a)** den zuständigen Sicherungsautomaten abschalten; **b)** mit einem Phasenprüfer (Spannungsprüfer) zu kontrollieren, ob die Leiter oder Anschlussklemmen, an denen Sie arbeiten wollen, tatsächlich spannungsfrei sind! Kontrollieren Sie regelmäßig, ob Ihr Phasenprüfer auch tatsächlich richtig funktioniert und die Spannung gut anzeigt!

lierte) Reserve einfach in der Decke. Der Lichtschalter, der ursprünglich als Doppelschalter ausgelegt war, müsste in diesem Fall durch einen (Dimmer-)Schalter ersetzt werden. Vergewissern Sie sich jedoch, dass die neue LED-Leuchte auch dimmbar ist, oder erkundigen Sie sich, ob sie nicht einen speziellen Dimmer benötigt.

Achten Sie bei der Montage einer neuen Leuchte darauf, dass die Leiter in den Lüsterklemmen jeweils an beiden Seiten ausreichend tief und symmetrisch (nach Abb. 6.12a) unter den Klemmenschrauben sitzen. Andernfalls könnte sich einer der Leiter mit der Zeit lösen und die Verbindung wäre unterbrochen. Ein solcher „kalter Kontakt" lässt sich im Nachhinein oft nur schwer entdecken.

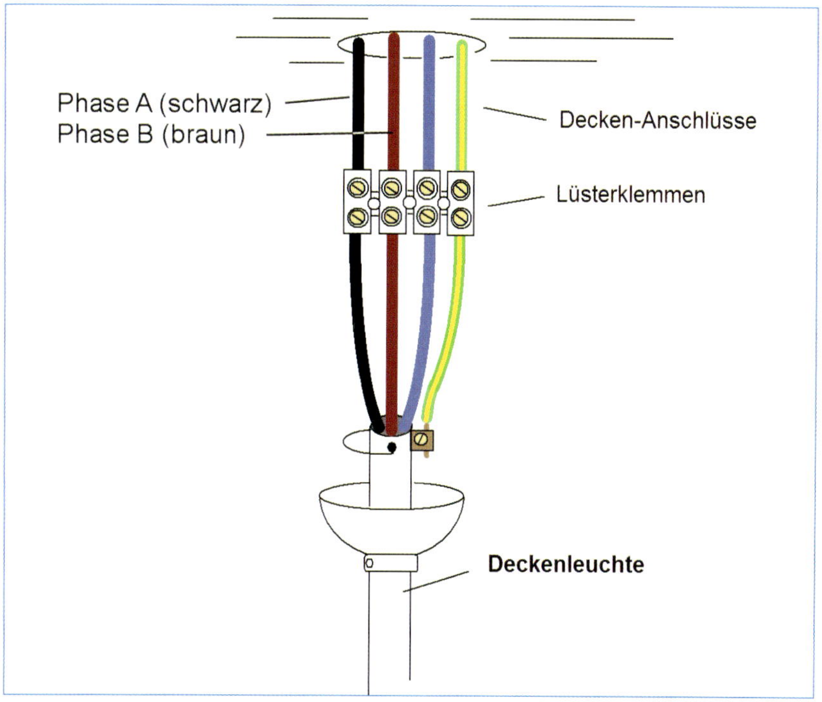

Abb. 6.11 – Die Stromzuleitung zu Leuchten mit zwei Lichtsektionen besteht aus vier Leitern.

6.2 Leuchte auswechseln?

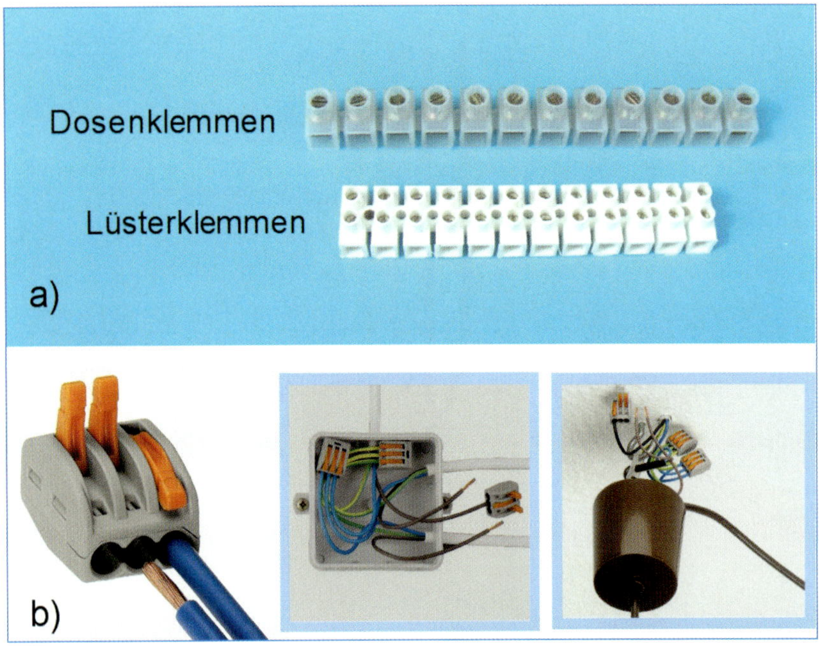

Abb. 6.12 – a) Zwei der gängigsten Verbindungsklemmen; b) bei den speziellen WAGO- Verbindungsklemmen hat jeder Leiter seine eigene Montageöffnung und wird nur mit einer Klemme festgeklemmt.

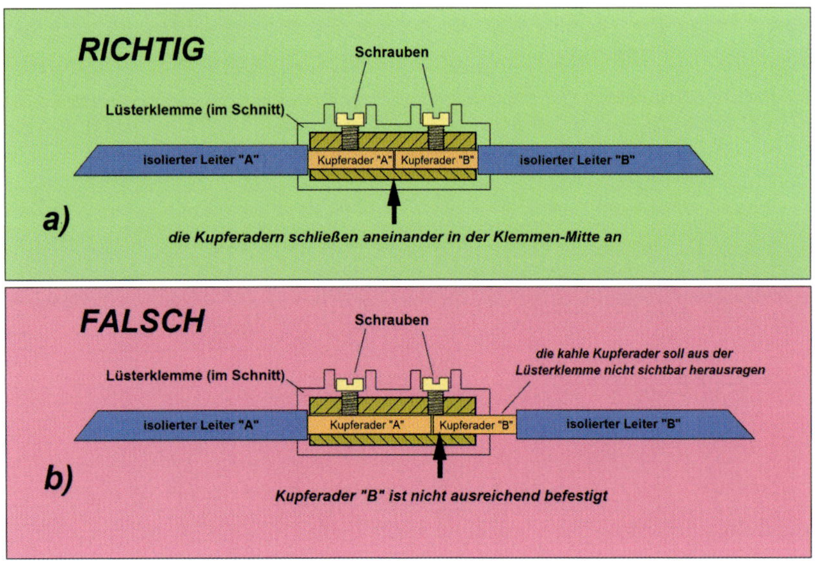

Abb. 6.13 – In Lüsterklemmen müssen die elektrischen Leiter von beiden Seiten aus gleich tief befestigt werden, um eine zuverlässige Verbindung zu erhalten.

6.3 Lichtschalter auswechseln?

Im Zusammenhang mit der Installation neuer LED-Leuchten kann es erforderlich sein, alte Unterputz-Lichtschalter auszuwechseln. Ist die Abdeckung des alten Lichtschalters mit zwei sichtbaren Schrauben befestigt, kann man sie abschrauben. An neuen Lichtschaltern sind jedoch keine Schrauben sichtbar, denn die Abdeckungen sind in den Innenteilen der Schalter federnd eingeklemmt.

Bei manchen Einzelschaltern kann einfach der Abdeckrahmen (nach Abb. 6.14 oben) abgezogen werden, bei anderen muss man den Rahmen mit Wippe(n) nach Abb. 6.14 mittig aus herauszie-

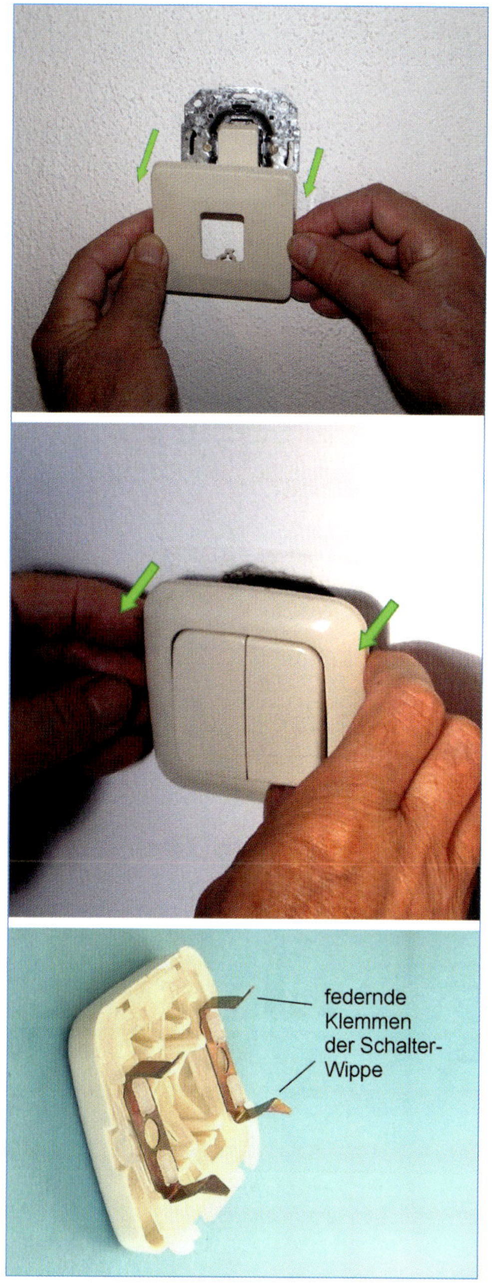

Abb. 6.14 – Es ist zwar nicht die technisch eleganteste, wohl aber die einfachste Methode, den Abdeckrahmen eines Wandnetzschalters zu lösen: Der Abdeckrahmen des Einzelschalters kann meist einfach mit den Fingernägeln aus der Unterputzdose herausgezogen werden.

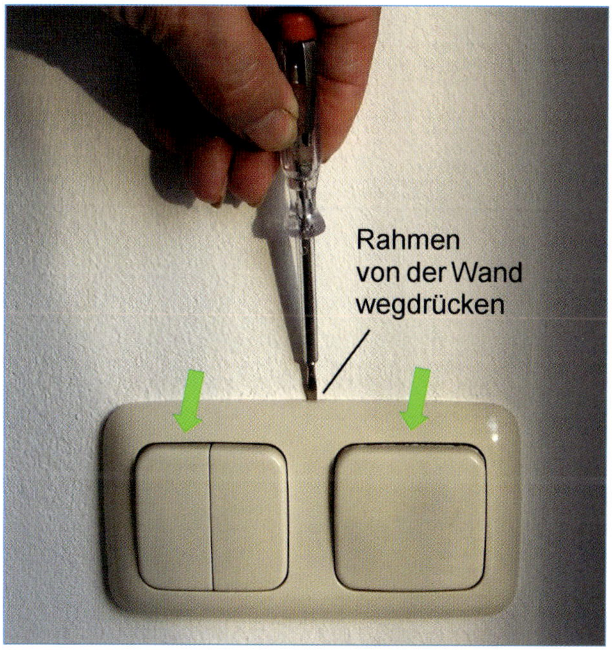

Abb. 6.15 – Wird der Abdeckrahmen von zwei oder mehr Wippen federnd gehalten, kann er mithilfe eines kleinen Schraubendrehers von der Wand weggedrückt werden.

6.3 Lichtschalter auswechseln?

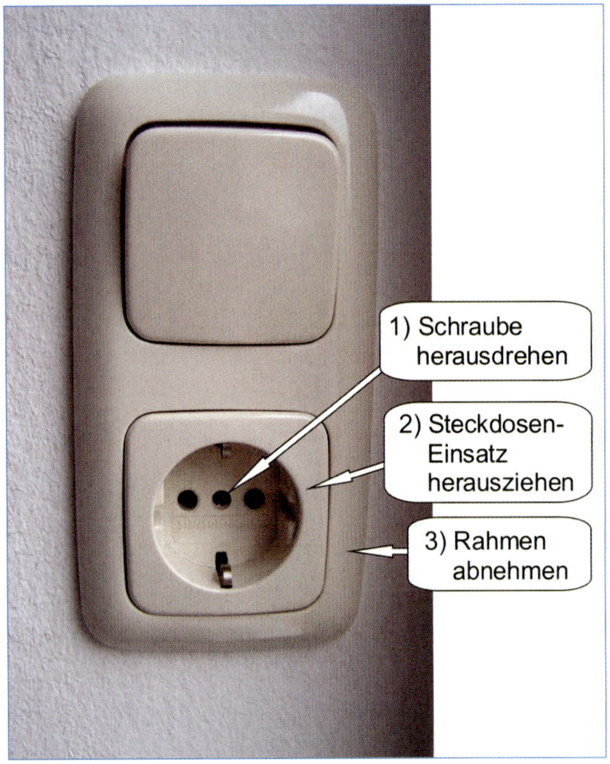

Abb. 6.16 – Befindet sich unter dem gleichen Abdeckrahmen neben dem Lichtschalter auch eine Steckdose, muss erst ihre Befestigungsschraube herausgedreht und das Oberteil des Steckdoseneinsatzes abgenommen werden, bevor der Rahmen weggezogen werden kann.

hen. Wenn der Abdeckrahmen von zwei oder mehreren Wippen federnd gehalten wird, kann er mithilfe eines kleinen Schraubendrehers (nach Abb. 6.15) von der Wand weggedrückt werden. Vorsicht: Die Wippen könnten auf den Fußboden fallen …

Lichtschalter sind auf zwei Arten in der Schalterdose befestigt: entweder mit zwei Schrauben im Rand der Dose (Abb. 6.17 links) oder mit zwei Schrauben der Montagekrallen (nach Abb. 6.17 rechts und Abb. 6.18).

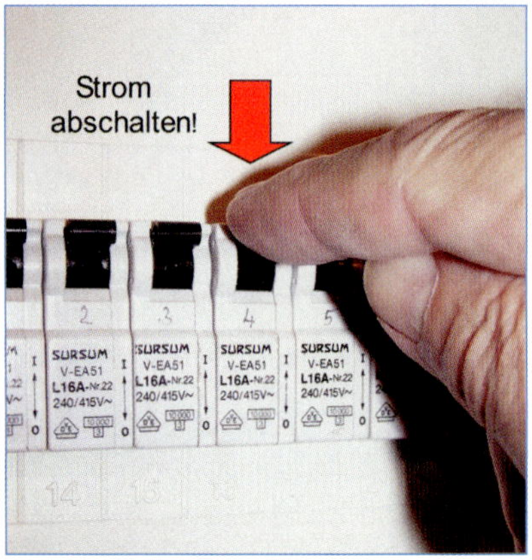

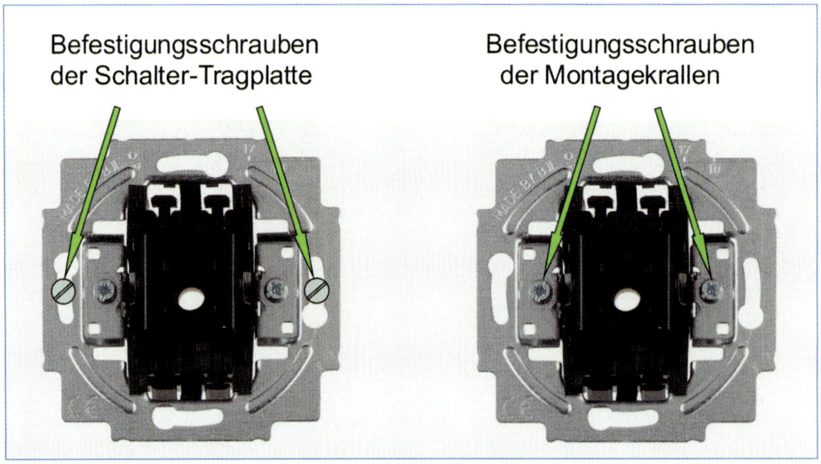

Abb. 6.17 – Lichtschalter sind auf zwei Arten in der Unterputz-Schalterdose befestigt: entweder mit zwei Schrauben in dem Rand der Dose oder mit zwei Schrauben der Montagekrallen.

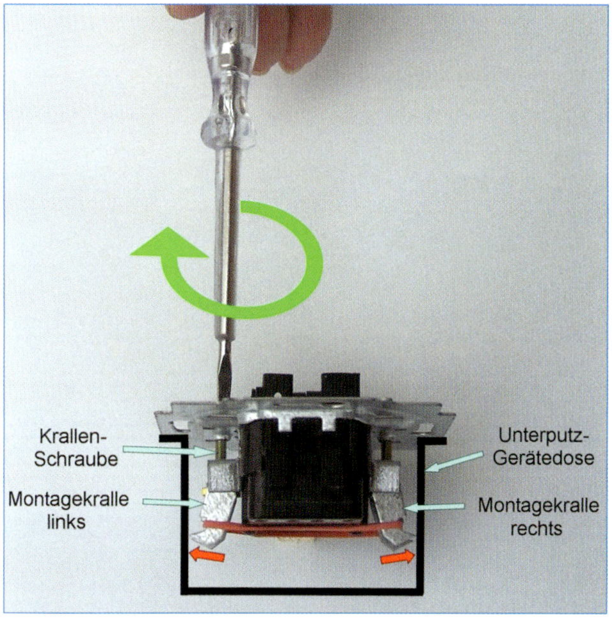

Abb. 6.18 – Die Befestigung mit Montagekrallen hat den Vorteil, dass der Schalter auch in Unterputzdosen befestigt werden kann, die in der Wand nicht optimal ausgerichtet sind.

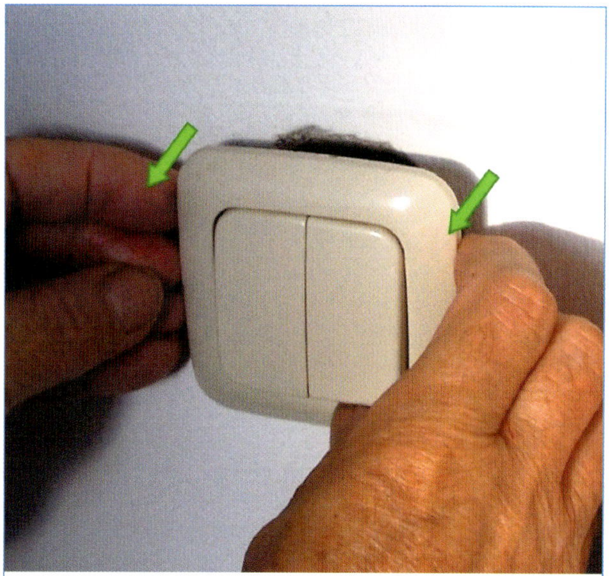

Abb. 6.19 – Nachdem die Befestigung des Lichtschalters ausreichend gelockert wurde, kann er aus seiner Unterputzdose so weit herausgezogen werden, wie es die Anschlüsse erlauben.

Sie können bei der Montage eines neuen Lichtschalters wahlweise die eine oder die andere Art der Montage wählen.

Vorsicht ist jetzt oberstes Gebot! Haben Sie den Strom abgeschaltet? Wenn ja, können Sie nach Abb. 6.19 den Lichtschalter mitsamt seinen Anschlussleitern aus der Wand so weit zu sich herausziehen, wie es die Länge der Anschlüsse (Drähte) erlaubt.

6.3 Lichtschalter auswechseln?

Nachdem Sie die Leiter aus dem alten Schalter herausgezogen haben, sollten Sie sicherheitshalber mit einem Phasenprüfer kontrollieren, dass sie tatsächlich alle stromfrei sind. Ist das in Ordnung, kann nun anstelle des alten ein neuer Schalter montiert werden.

Für das einfache Schalten einer Leuchte ist ein Lichtschalter erforderlich, der nur einen einzigen Ein-/Auskontakt hat, denn geschaltet wird allein die Phase (der Außenleiter). Der Handel führt zu diesen Zwecken jedoch sogenannte *Wechselschalter* (UM-Schalter) nach Abb. 6.21. Hier können Sie bei der Montage wahlweise nur die Anschlüsse *A* und *B* oder *A* und *C* verwenden und den dritten Anschluss einfach außer Acht lassen.

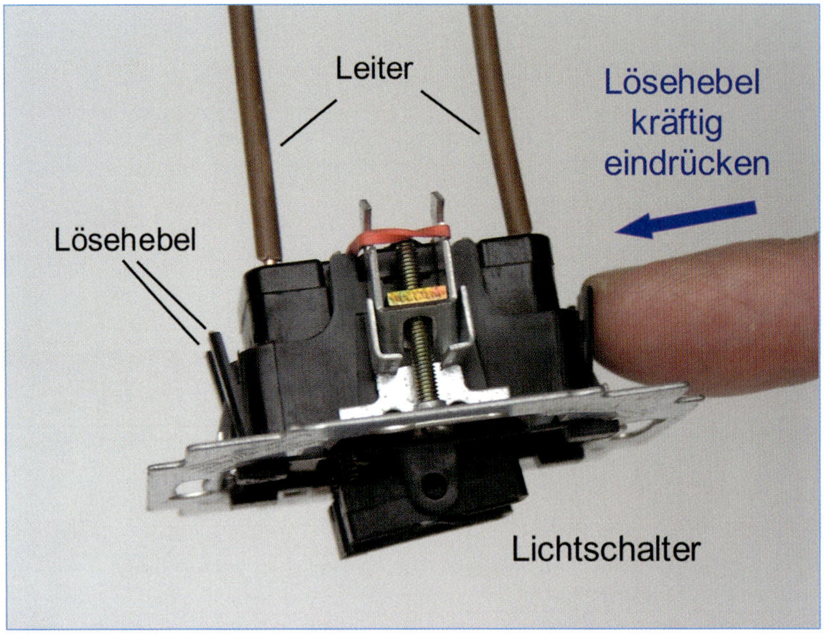

Abb. 6.20 – In Lichtschaltern neuerer Bauart sind die Leiter nur federnd in Klemmen befestigt, die sich durch kräftiges Andrücken der Lösehebel lockern lassen.

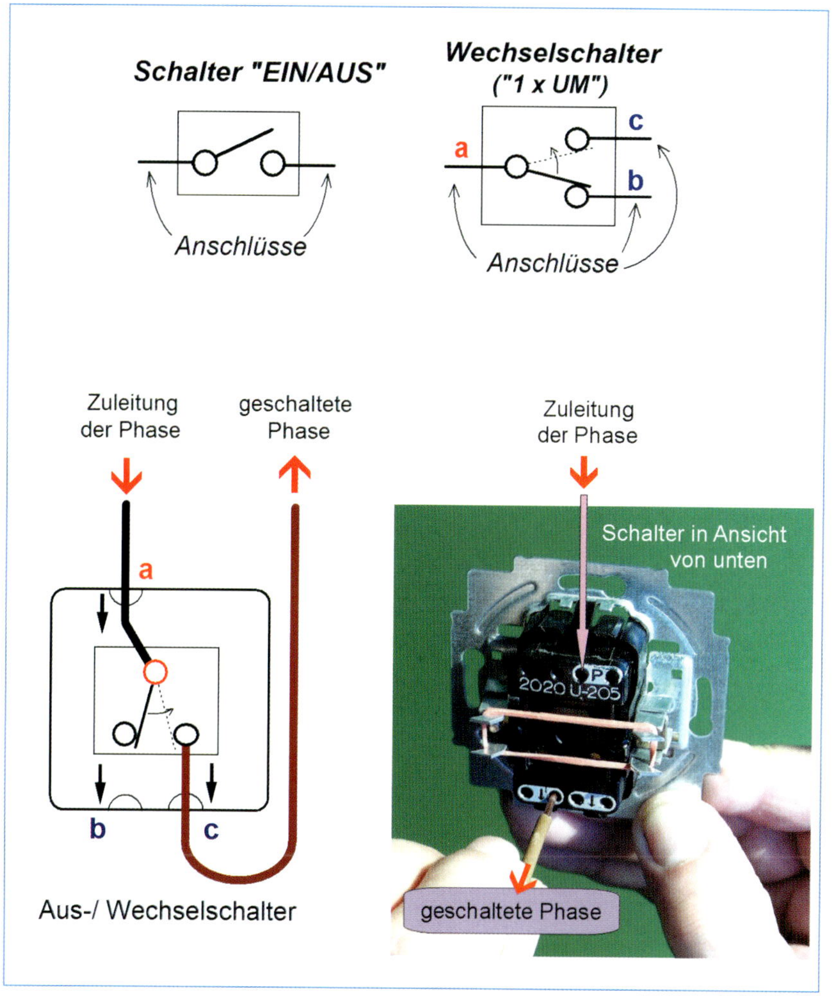

Abb. 6.21 – Einfache Ein-/Aus-Lichtschalter gibt es nicht, da an ihrer Stelle die universalen *Wechselschalter (1 x UM)* verwendet werden, bei denen dann einer der Kontakte in diesem Fall einfach nicht belegt wird.

Bei Lichtschaltern mit Steckklemmen müssen die Leiter etwas länger abisoliert werden als bei Schaltern mit Schraubklemmen. An manchen dieser Lichtschalter befindet sich sogar eine Markierung, an der abgelesen werden kann, wie lang der kahle kupferne Teil des Leiters optimal sein soll. Die erforderliche Länge der Abisolierung kann jedoch auch nur probeweise mit einem Stück Draht ausgemessen werden. Bei der Montage eines neuen Schalters ist darauf zu achten, dass die abisolierten Enden der an ihn angeschlossenen Leiter nicht zu weit aus dem Schalter herausragen (Abb. 6.23).

6.3 Lichtschalter auswechseln?

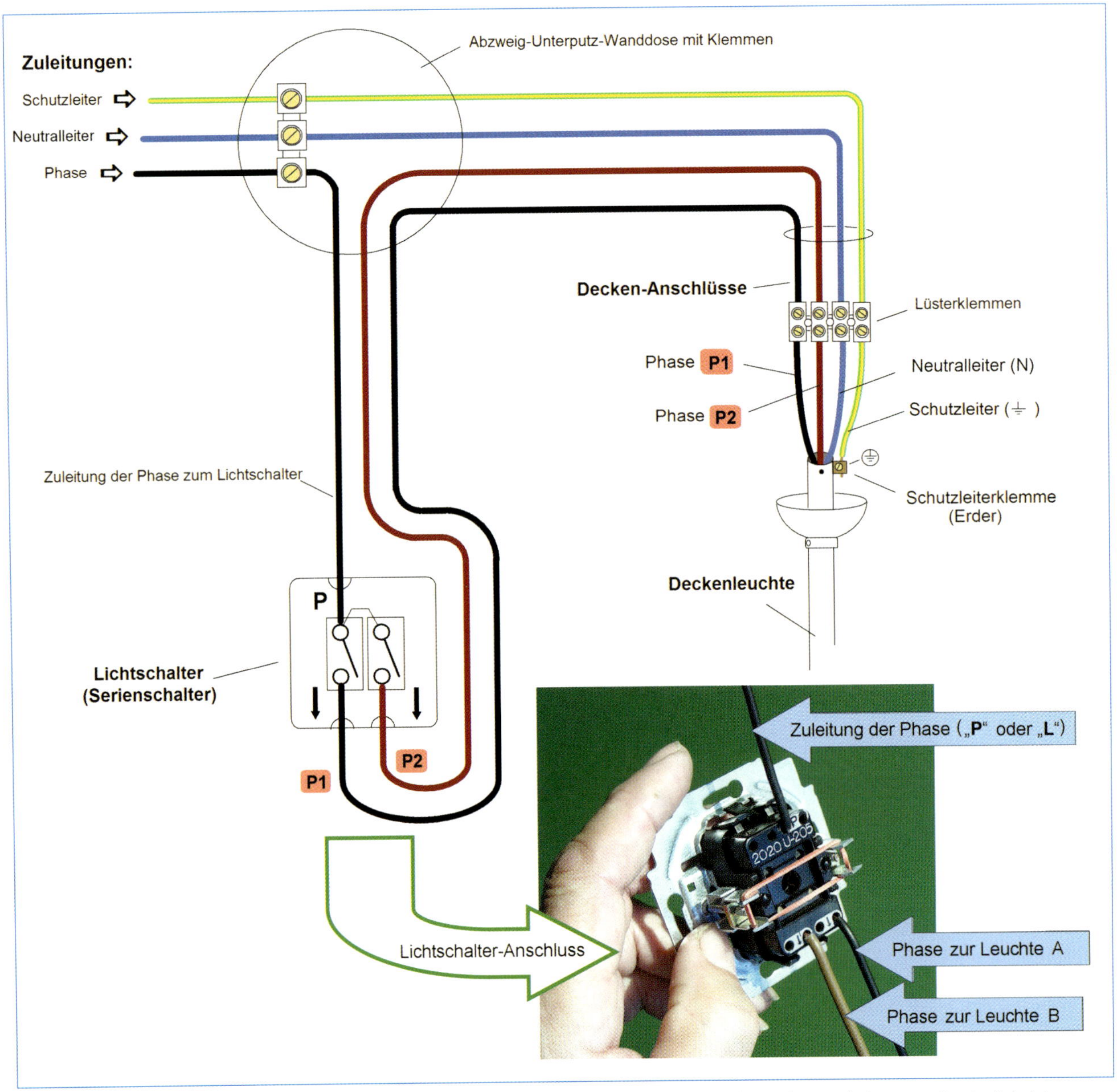

Abb. 6.22 – Anschluss eines *Serienschalters*, der für eine Deckenleuchte mit zwei Leuchtensektionen erforderlich ist.

6.3 Lichtschalter auswechseln?

Eine Leuchte kann auf viele Arten und bei Bedarf auch von mehreren Stellen aus geschaltet werden, die Sie selbst bestimmen. Sie können dabei aus folgenden Möglichkeiten wählen:

- A) mit zwei Wechselschaltern von zwei Standorten aus
- B) mit zwei Wechselschaltern und einem Kreuzschalter von drei Standorten aus
- C) mit einem Stromstoßschalter von beliebig vielen Standorten aus
- D) mithilfe eines Treppenautomaten (das Einschalten erfolgt von beliebig vielen Standorten aus, das Ausschalten erfolgt automatisch)
- E) mit einem Dämmerungs- oder PIR-Schalter (Bewegungsmelder)
- F) mit einem Funk- oder Infrarotschalter
- G) mit gesprochenen Befehlen
- H) mithilfe einer Schaltuhr
- I) mithilfe einer Lichtschranke
- J) mithilfe zusätzlicher Einbruchsschutz-Vorrichtungen
- K) telefonisch über einen Festanschluss, ein Handy oder das Internet

Eine Kurzübersicht der gängigsten Möglichkeiten des Schaltens von Leuchten haben wir bereits in Abb. 4.6 und Abb. 4.7 auf Seite 63/64 aufgeführt.

Das Schalten der Leuchten kann auch im Nachhinein geändert werden, sollte sich herausstellen, dass die bisherige Lösung ungünstig war.

Es ist meist nicht erforderlich, beim Ersetzen einer herkömmlichen Beleuchtung durch LEDs gleich die Elektroinstallationen zu ändern oder zu erweitern. Sie können jedoch bei solcher Gelegenheit die Lichtquellen so anordnen, wie es Ihnen am besten gefällt.

Oft kann es sich auch als sinnvoll erweisen, z. B. in eine bestehende Rohrleitung der Elektroinstallation

Abb. 6.23 – Die Anschlussleiter sollten jeweils nur so weit abisoliert werden, dass ihre kahlen Kupferkerne nicht aus den Anschlussklemmen herausragen.

noch ein oder zwei zusätzliche Leiter einzuziehen, um die Beleuchtung in mehrere Sektionen einteilen zu können. Es ist nämlich viel energiesparender, wenn die Beleuchtung nur stufenweise (in Sektionen) geschaltet wird, als wenn sie nur mit einem Dimmer gedimmt wird.

Dimmen ist in der Regel mit hohen Energieverlusten verbunden. Die Lichtintensität sinkt dabei meist stärker als der eigentliche Stromverbrauch. So gesehen ist es besser, wenn wahlweise verschiedene Leuchten mit zwei separaten Lichtschaltern (mit einem Serienschalter) geschaltet werden.

Wechselschalter

Die Montage eines neuen Schalters kann sich als schwierig erweisen, wenn es sich um einen **Wechsel**- oder **Kreuzschalter** handelt. Wechselschalter sind als

6.3 Lichtschalter auswechseln?

einpolige Umschalter ausgelegt, die das Schalten einer Lampe (oder Lampensektion) nach Abb. 6.24 von zwei Stellen aus ermöglichen. Am häufigsten werden diese Schalter im Treppenhaus verwendet, denn hier sollte sich das Licht an beiden Treppenenden ein- und ausschalten lassen. Auch in der Halle oder in Wohn- und Schlafräumen ermöglichen *Wechselschalter* das unabhängige Schalten der Beleuchtung von zwei Standorten (z. B. Türen) aus. In Schlafzimmern wurde früher einer der zwei Wechselschalter über dem Bett als *Zugschalter* installiert. Den Zugschalter gibt es zwar noch immer, aber er wird bei neuen Elektroinstallationen nur noch selten angewendet. Stromstoßschalter (mit je einem Taster neben jedem Bett und weiteren Tastern an den Türen) sind praktischer.

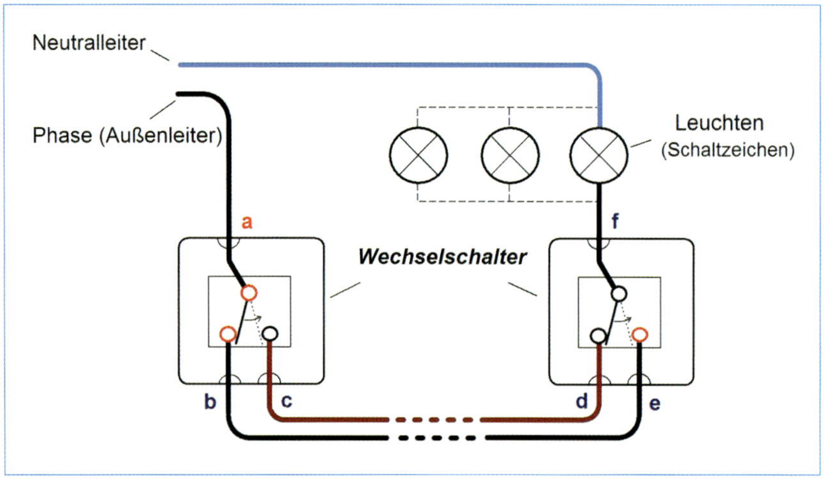

Abb. 6.24 – Zwei Wechselschalter ermöglichen das unabhängige Ein- und Ausschalten der Leuchten von zwei Standorten aus.

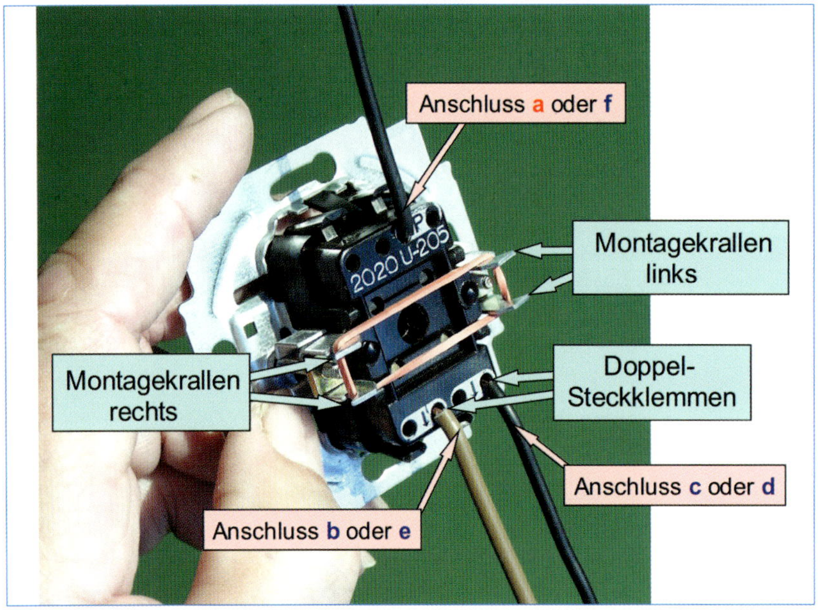

Abb. 6.25 – Rückseitenansicht eines Wechselschalters: Die Bezeichnung der Anschlüsse bezieht sich auf die Schaltung in Abb. 6.24.

Wie der Schaltung in Abb. 6.24 zu entnehmen ist, erhalten die Leuchten bei dem eingezeichneten Stand der Lichtschalter (Wechselschalter) keinen Strom. Wird jedoch einer dieser Schalter betätigt, hat die Phase „freie Fahrt" bis zu dem Anschluss *f* (rechter Schalter oben) und somit bis zu den Leuchten. Man kann sich die Leiter als Bahnschienen und die Schalter als Weichen vorstellen, die den Zug entweder bis zu den Leuchten durchlassen oder

6.3 Lichtschalter auswechseln?

ten aus. Diese Lösung war früher vor allem bei Treppenbeleuchtungen sehr beliebt. Gegenwärtig wird für solche Zwecke bevorzugt ein *Stromstoßschalter* verwendet, denn bei dieser Lösung entfallen die vielen Drahtverbindungen, die ein Kreuzschalter erfordert. Bei bestehenden Installationen, die von einem Kreuzschalter Gebrauch machen, spricht jedoch nichts dagegen, im Falle eines Defekts nur den defekten Schalter auszutauschen.

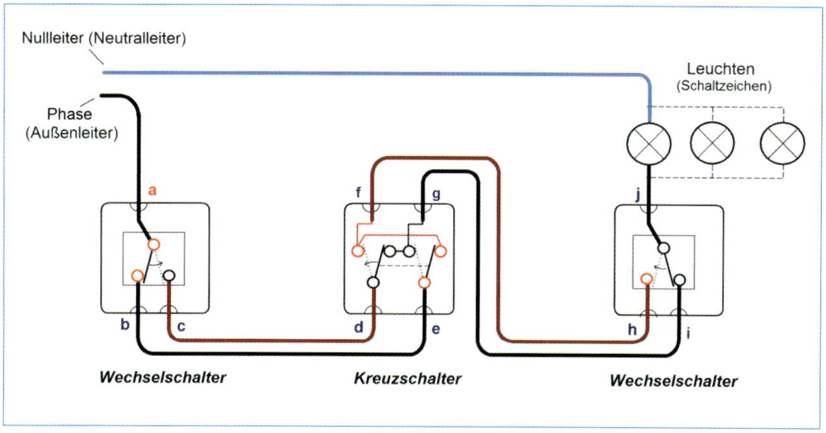

Abb. 6.26 – Zwei Wechselschalter und ein Kreuzschalter ermöglichen das unabhängige Schalten der Beleuchtung von drei unabhängigen Standorten aus.

die Bahnverbindung auf der Strecke unterbrechen.

Kreuzschalter

Ein Kreuzschalter, der nach Abb. 6.26 mit zwei Wechselschaltern kombiniert wird, ermöglicht das voneinander unabhängige Schalten der Beleuchtung von drei Standor-

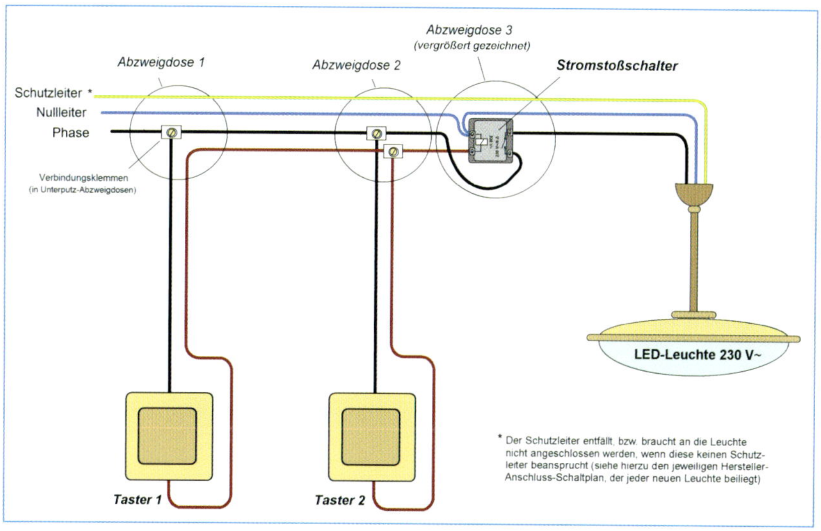

Abb. 6.27 – Anschlussbeispiel eines Stromstoßschalters, der von zwei Tastern (von zwei Stellen aus) bedient wird.

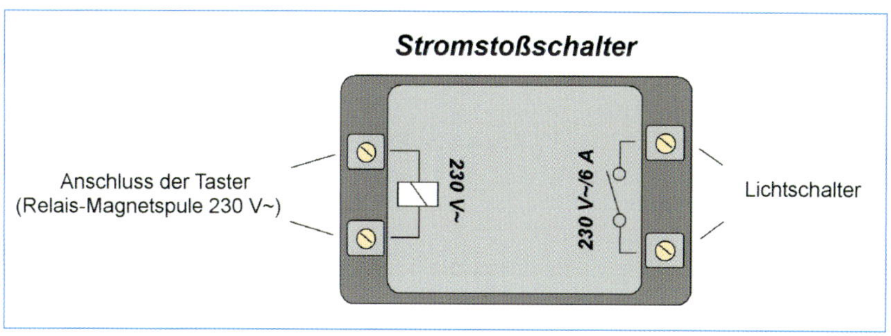

Abb. 6.28 – Anschlüsse eines Stromstoßschalters

6.3 Lichtschalter auswechseln?

Die Magnetspulen der handelsüblichen Stromstoßschalter sind wahlweise für 230 V~, 12 V~ oder 24 V~ erhältlich. Für normale Elektroinstallationen eignen sich die 230-V-Magnetspulen, denn sie benötigen keinen zusätzlichen Transformator. Die Magnetspulen der Stromstoßschalter können problemlos auch mit Gleichstrom betrieben werden – was z. B. bei autarken Photovoltaik-Anlagen von Vorteil ist, deren Lichtnetz für eine niedrigere Solarspannung (von z. B. 12 V DC) ausgelegt ist.

Wichtig

Nicht jeder Dimmer ist automatisch für das Dimmen von LED-Leuchten geeignet. Erkundigen Sie sich daher bereits beim Kauf einer LED-Leuchte, mit welchen Dimmern ihre Lichtstärke geregelt werden kann.

Achten Sie zudem beim Kauf eines Dimmers auf seine *minimal erforderliche* und *maximal zulässige* Belastung.

nes Defekts das herkömmliche System nur zu reparieren und nicht zu ersetzen.

Stromstoßschalter

(Tast-Relais-Schalter) sind als elektromagnetische Schalter ausgeführt, die nach dem „Kugelschreiberprinzip" funktionieren. Die Grundschaltung eines Netz-Stromstoßschalters ist (siehe Abb. 6.27) sehr einfach: Anstelle eines normalen Lichtschalters ist hier jedoch ein Taster (Wipptaster) erforderlich, denn die Magnetspule im Stromstoßschalter benötigt zum Schalten jeweils nur einen kurzen Stromstoß (Schaltimpuls).

Bei jeder Betätigung des Lichttastschalters schaltet der Stromstoßschalter von der jeweiligen Schaltposition in die andere um.

Der *Stromstoßschalter* kann von beliebig vielen Tastschaltern bedient werden, die sehr einfach (mittels einer Zweidrahtverbindung) angeschlossen werden. Zudem verbraucht er keinen Stand-by-Strom, denn seine Magnetspule funktioniert rein elektromechanisch (er bezieht Strom nur, solange einer der Taster mit dem Finger gedrückt wird).

Ein Nachteil dieses Schalters ist, dass er eine „Unterkunft" (z. B. in Form einer zusätzlichen Unterputzdose) braucht.

Lichtdimmer

Anstelle eines Lichtschalters kann ein *Licht schaltender Dimmer* nach Abb. 6.29 angeschlossen werden. Hier müssen allerdings Phase (als Spannungseingang) und Lampenzuleitung auf die richtige Anschlussklemme des Dimmers angeschlossen werden. Wie man hier vorgeht, entnimmt man der Montageanleitung, die jedem Dimmer beiliegt und typenbezogen unterschiedlich ist. Einige der handelsüblichen Dimmer sind als Sensordimmer ausgelegt, die nur durch Berührung regelbar sind. Weiterhin gewinnen Funkdimmer an Attraktivität.

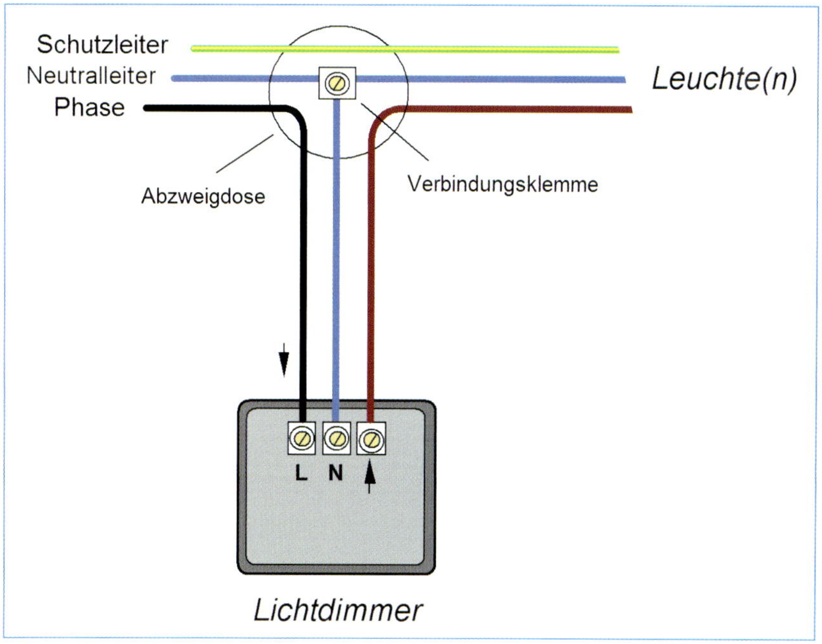

Abb. 6.29 – Anschlussbeispiel eines Lichtdimmers

Treppenlichtautomat

Die meisten Treppenautomaten *(Treppenlicht-Zeitschalter)* werden installiert wie *Stromstoßschalter* und funktionieren auch ähnlich. Sie benötigen aber jeweils nur einen Einschaltimpuls und schalten nach der fest eingestellten Einschaltdauer selbst automatisch ab.

Dämmerungsschalter

Eine Fotozelle (ein Fotowiderstand, Fototransistor oder eine Fotodiode) im *Dämmerungsschalter* kontrolliert die Lichtverhältnisse und sorgt dafür, dass bei Dämmerung der Schalter die an ihn angeschlossene Beleuchtung ein- und am nächsten Morgen wieder ausschaltet. Der Dämmerungsschalter funktioniert ähnlich wie ein normaler Lichtschalter und kann auf die gleiche Weise mit der LED-Beleuchtung verbunden werden.

Dämmerungsschalter sind direkt für den Einbau in eine normale Schalterdose oder als Aufputzgeräte ausgelegt. Bei der Installation eines Dämmerungsschalters sollte die Schalterfotozelle so ausgerichtet werden, dass sie nicht von unerwünschten Lichtquellen beeinflusst werden kann.

Die Einschalt- und die Abschaltschwelle ist bei vielen Dämmerungsschaltern einstellbar (bei einigen nur als eine gemeinsame Schwelle, bei anderen als zwei separate Schwellen für das Ein- und das Ausschalten). Die meisten Dämmerungsschalter sind zudem so ausgelegt, dass sie mit einer gewissen Verzögerung (von ca. 25 bis 100 Sekunden) ein- oder ausschalten. Somit reagieren sie nicht auf vorübergehend auftretende Lichtveränderungen.

6.3 Lichtschalter auswechseln?

Wer mit dem Lötkolben umgehen kann, könnte sich bei Bedarf auch einen einfachen, aber hervorragend funktionierenden Dämmerungsschalter selbst bauen. Der Dämmerungsschalter aus Abb. 6.31 funktioniert auf Anhieb. Die erforderliche Schaltschwelle kann einfach nach eigenem Ermessen mit dem Einstellpotenziometer (100k bis 200k) eingestellt werden.

Hinweise zum Selbstbau: Das wichtigste Bauteil ist bei diesem Dämmerungsschalter der Fotowiderstand. Es kann zwar fast jeder preiswerte Fotowiderstand verwendet werden, aber ein vorhergehender Test des kahlen Fotowiderstands mit einem Multimeter (nach Abb. 6.32) sollte vorgenommen werden: Bei normalen Arbeitsraum-Lichtverhältnissen müsste das an den Fotowiderstand angeschlossene Multimeter nur einige Hundert Ohm, bei voller Abdunkelung des Fotowiderstands (mit einem Taschentuch) etwa 500 kΩ bis 1 MΩ anzeigen.

Von Vorteil ist, wenn für eine solche Messung ein Analogmultimeter verwendet wird, dessen Zeiger gleitend auf die Veränderung des ohmschen Widerstands reagiert, wenn der Fotowiderstand (z. B. mit einem Taschentuch) langsam abgedunkelt wird. Auf diese Weise kann beobachtet werden, wie der Fotowiderstand auf eine Veränderung der Belichtung unmittelbar reagiert. Ein digitales Voltmeter, dessen träge Anzeige während einer solchen Messung jeweils viel zu lange hin- und herspringt, bevor sie ein Ergebnis anzeigt, erschwert die Beobachtung des ganzen Vorgangs.

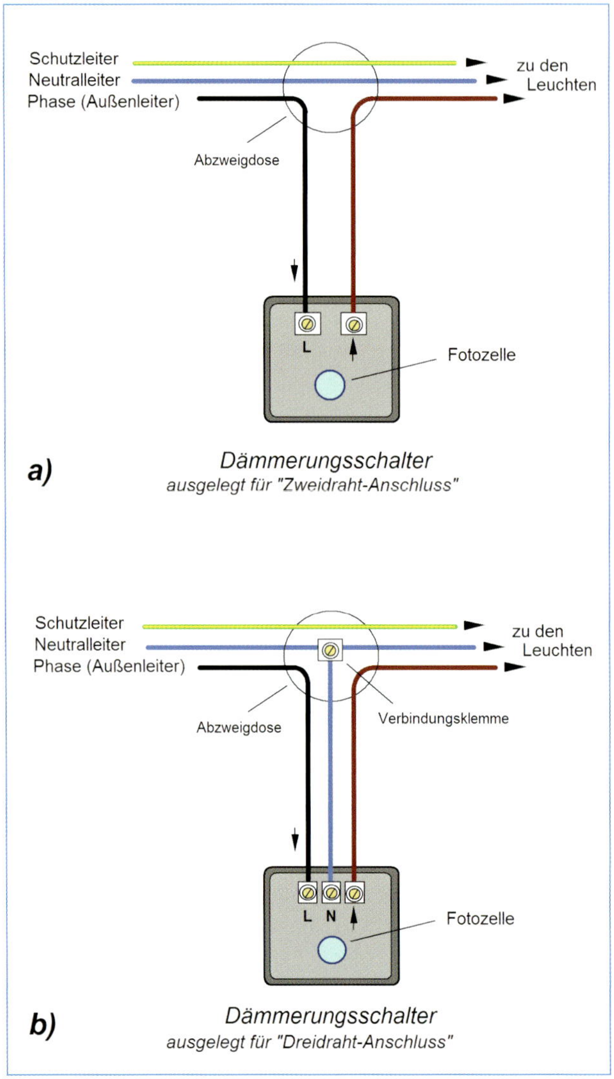

Abb. 6.30 – Zwei Anschlussbeispiele eines Dämmerungsschalters

Annäherungsschalter/Bewegungsmelder

Annäherungsschalter, die auch als PIR(*Passivinfrarot*)-Bewegungsmelder oder *Bewegungsschalter* bezeich-

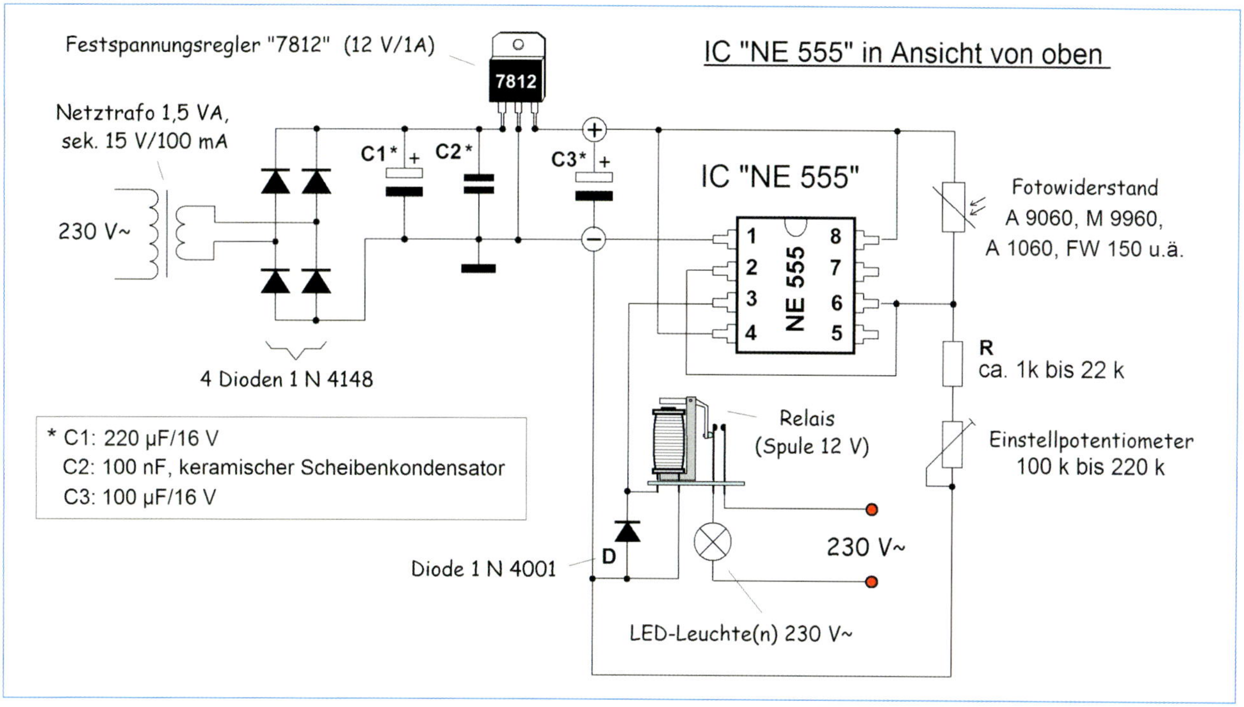

Abb. 6.31 – Schaltung eines einfachen, aber perfekt funktionierenden Selbstbau-Dämmerungsschalters

net werden, sind entweder als selbstständige Bausteine erhältlich oder werden bereits herstellerseitig in Lampen integriert.

Ein PIR-Bewegungsmelder nimmt eine Veränderung bzw. ein Auftreten von Infrarotlicht wahr, das alle Lebewesen (auch Pflanzen) ausstrahlen, und reagiert darauf z. B. mit dem Einschalten der Leuchte, in der er integriert oder die an ihn angeschlossen ist.

Diese Bausteine können jedoch nicht eine Katze von einem Menschen unterscheiden. Bei manchen Bewegungsmeldern begegnet man diesem Problem, indem sie in horizontaler Richtung nur für einen schmalen Einstrahlwinkel ausgelegt sind und so in einem engen Korridor nur auf Lebewesen bestimmter Größe reagieren. Eine Katze löst dann das Licht nicht aus. Im Außenbereich ist aber z. B. schon durch Nachtnachtfalter mit Fehlfunktionen zu rechnen.

Für die meisten Anwendungen ist es zudem erforderlich, dass ein Bewegungsmelder auch über einen eingebauten Dämmerungsschalter verfügt.

Ein Annäherungsschalter benötigt eine eigene Stromzufuhr, typenabhängig u. a. 12, 24 oder 230 V~. Ansonsten ist, wenn man ihn anschließt, nur darauf zu achten, dass die richtigen Leiter an die richtigen Klemmen so angeschlossen werden, wie es der Hersteller im beiliegenden Anschlussplan erläutert. Bei eventuellem Zweifel kann eine provisorische Probeschaltung Klarheit über die Funktion verschaffen.

6.3 Lichtschalter auswechseln?

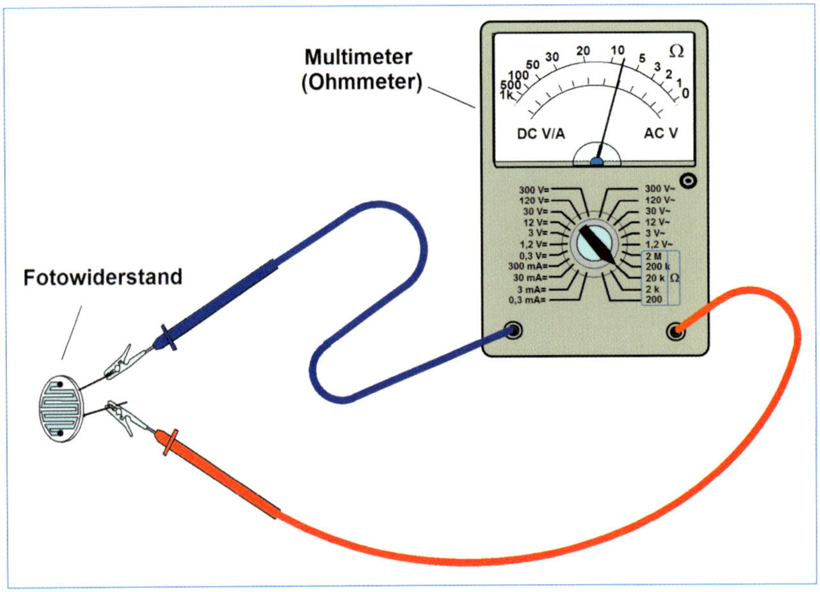

Abb. 6.32 – Überprüfung der Funktionsweise eines Fotowiderstandes mit einem Multimeter

Funkschalter und -dimmer

Funkschalter sind wahlweise als reine Schalter oder als Schalter und Dimmer (Helligkeitsregler) erhältlich. Ähnlich wie jede andere Fernbedienung auch, bestehen sie aus einem Sender und einem Empfänger.

Die Funksender sind entweder als batteriebetriebene Handsender oder als netzbetriebene, lichtschalterähnliche Einbau-Wandsender ausgelegt.

Die bekanntesten Funkempfänger sind als Steckdosen-Zwischenstecker nach Abb. 6.33 ausgelegt. Sie können in jede beliebige Netzsteckdose eingesteckt werden, um fernbedient z. B. eine LED-Stehlampe zu schalten.

Es gibt jedoch auch Funkempfänger, die für den Anschluss von Decken- oder Wandleuchten vorgesehen sind und als Baldachinfunkempfänger direkt oberhalb einer Deckenleuchte montiert werden. Der Anschluss ist unproblematisch, denn es gibt zwei Eingangsklemmen (L und N) für die 230-V-Versorgungsspannung und zwei Ausgangsklemmen (L und N) für den Leuchtenanschluss. Der *Schutzleiter* wird – wenn erforderlich – an die dafür vorgesehene Klemme an der Leuchte angeschraubt.

Der Anschluss eines solchen speziellen Funkschalters (Abb. 6.35) unterscheidet sich von dem eines normalen Lichtschalters nur dadurch, dass hier der Funkempfänger neben der *Phase (Außenleiter)* auch noch den *Neutralleiter* braucht. Dieser muss dann z. B. von der Abzweigdose (oben an der Wand) in die Leitung hineingezogen werden.

Abb. 6.33 – Ausführungsbeispiel eines Bewegungsmelders, der als selbstständiger Baustein ausgeführt ist. (Foto Conrad Electronic)

6.3 Lichtschalter auswechseln?

Die Inbetriebnahme der Funkschalter setzt ein individuelles Abstimmen des Empfängers auf den Sender voraus. Dies muss jeder Kunde selbst in die Hand nehmen. Er hat dabei die Möglichkeit, den Sendertasten unterschiedliche Schaltaufgaben zuzuteilen.

Die meisten modernen Funksender sind herstellerseitig mit einem Code ausgelegt, der bei modernen Geräten ca. eine Million Kombinationen ermöglicht. Der Empfänger muss hier vor der Inbetriebnahme auf die gewünschte codierte Sendefrequenz seines Senders abgestimmt werden.

Infrarotschalter und -dimmer

Die Infrarotfernbedienung, die sich bei Audio- und Videogeräten schon vor längerer Zeit etabliert hat, kann auch zum Schalten und Dimmen von LED-Leuchten verwendet werden.

Einige dieser Schalter und Dimmer können mit bestehenden Audio-/Video-Fernbedienungen geschaltet werden. Sie sind meist als Wandschalter ausgelegt. Für ihre Bedienung wird nur eine „freie" Taste bei der bestehenden Fernbedienung benötigt.

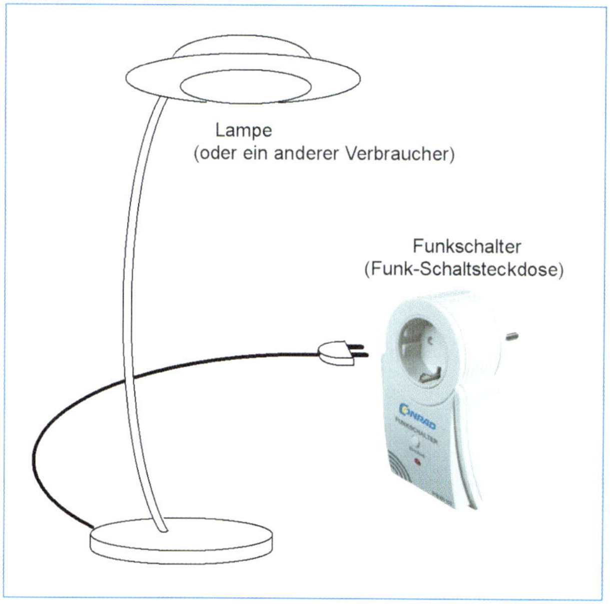

Abb. 6.34 – LED-Leuchten, die für den Steckdosenanschluss ausgelegt sind, können bei Bedarf mithilfe eines Steckdosen-Funkschalters auch fernbedient geschaltet werden.

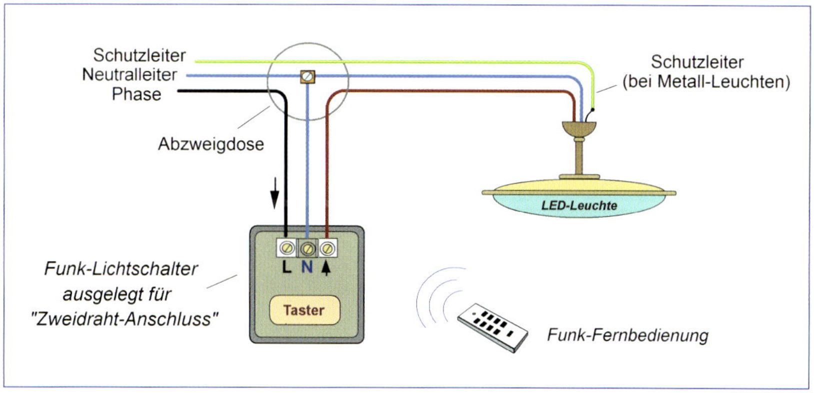

Abb. 6.35 – Anschlussbeispiel eines Lichtschalters, der sowohl manuell als auch drahtlos bedient werden kann.

Leuchten an der Steckdose

Zusätzliche Leuchten können ihren Strom auch nur über eine Steckdose beziehen. Abb. 6.40 zeigt die Anordnung der Anschlüsse einer Steckdose.

6.3 Lichtschalter auswechseln?

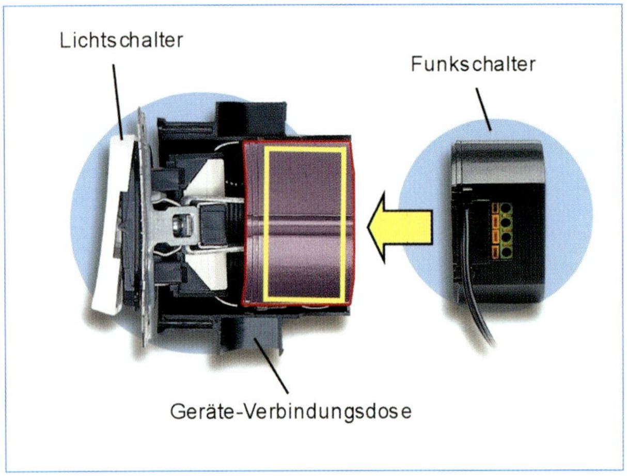

Abb. 6.36 – Spezielle Funkschalter können auch in vertieften Lichtschalterdosen (Gerätedosen) hinter dem Taster untergebracht werden. (Anbieter: Conrad Electronic)

Abb. 6.37 – Funkschalter am Bett (Foto/Anbieter: Conrad Electronic)

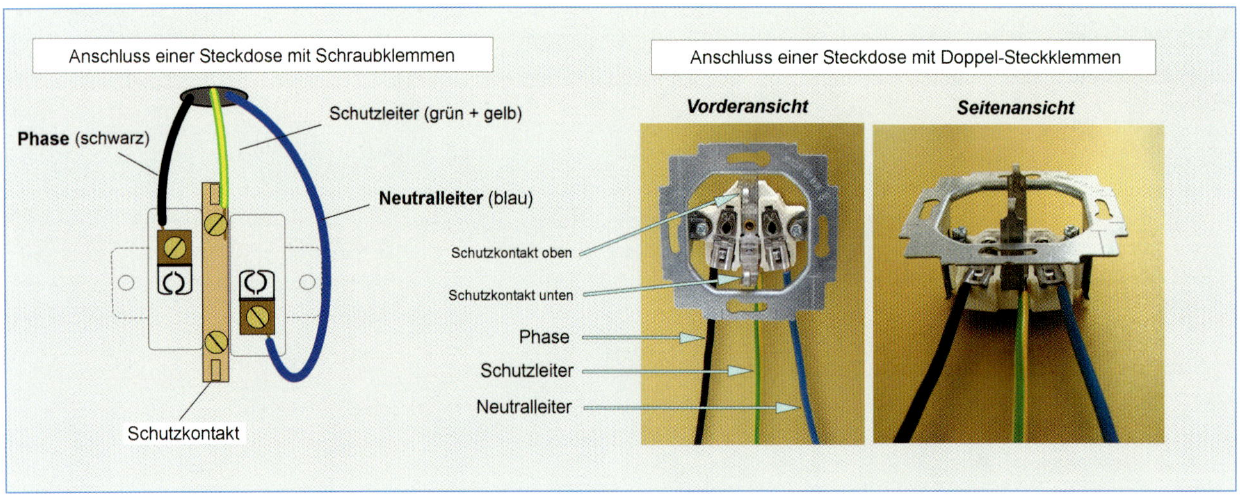

Abb. 6.38 – Anschlüsse einer Netz-Wandsteckdose

7 Einfache Elektroinstallationen

Baumärkte und der Elektro-Fach- und Versandhandel führen alle Materialien für Elektroinstallationen im Haus, die sich miteinander nur mithilfe von Schraub- oder Steckverbindungen kombinieren lassen.

Die meisten Innenrauminstallationen werden unter Putz verlegt. Der rein elektrotechnische Teil solcher Leistungen ist unproblematisch. Nur die Montage der neu installierten oder anders angeordneten Leuchten, ihrer Schalter oder Steckdosen und ein eventuell vorzeigefähiges Verputzen der geöffneten Wand stellen Ansprüche an Handfertigkeit und Geduld.

Elektrische Leitungen können im Wohnbereich auf drei Arten errichtet werden:

a) als Rohrleitungen, bei denen die Leiter in flexiblen oder harten Kunststoffrohren verlegt werden (Abb. 7.1a/b)
b) als Stegleitungen (Flachkabelleitungen) nach (Abb. 7.1c)
c) als Kabelleitungen (Abb. 7.1d)

Jede dieser Leitungsart hat ihre Vor- und Nachteile, die folgend näher besprochen werden.

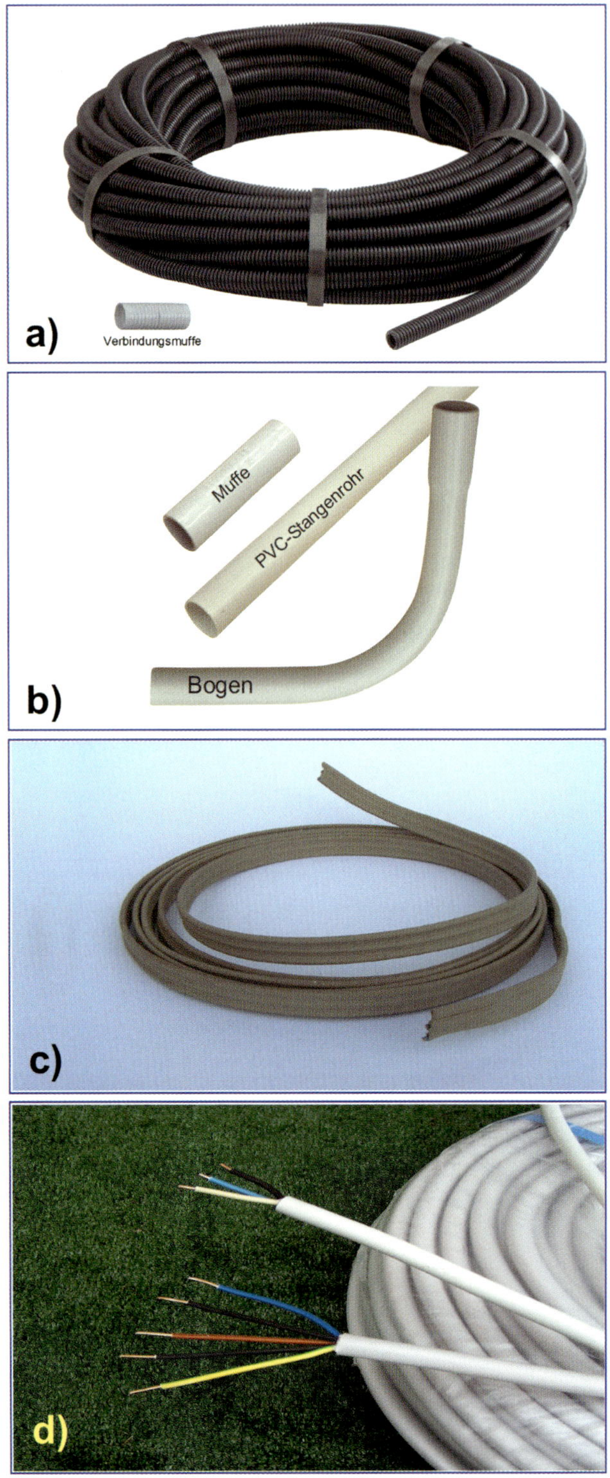

Abb. 7.1 – Elektrische Leitungen können auf drei Arten verlegt werden: a) als Rohrleitungen mit festen Kunststoffrohren; b) als Rohrleitungen mit flexiblen Kunststoffrohren; c) als Stegleitungen (Flachkabelleitungen); d) als Kabelleitungen.

Elektroinstallationen werden im Wohnbereich überwiegend mit flexiblen **Kunststoffrohren** nach Abb. 7.1a angelegt. Abhängig vom Querschnitt, von der Anzahl der vorgesehenen Leiter und von der Länge der Leitung wird entweder ein Kunststoffrohr mit einem Durchmesser von 13,5 oder 16 mm verwendet. Dies sind die gängigsten Durchmesser, mit denen man üblicherweise gut zurechtkommt. Anstelle flexibler Installations-Kunststoffrohre können bei Bedarf auch Installationsstangenrohre verwendet werden, für die es auch fertige Bögen und Muffen gibt. In diese Rohre lassen sich zwar die elektrischen Leiter sehr leicht einziehen, aber sie stellen beim Verlegen höhere Ansprüche an perfekt gerade Schlitze im Mauerwerk.

Abb. 7.2 – Flexible Installations-Kunststoffrohre (Farbe Schwarz oder Weiß) eignen sich bevorzugt für Elektroinstallationen in Mauern, die noch nicht verputzt sind.

Die eigentlichen Leiter (Elektrodrähte) zieht der Elektriker in die flexiblen Rohre oft erst im Nachhinein ein. Dazu verwendet er eine spezielle *Einziehstahl-* oder *Nylonfeder.* Diese wird in das Rohr hineingeleitet, danach werden an die Öse an ihrem anderen Ende die Leiter befestigt und in das Rohr hineingezogen.

Ein solcher Aufwand entfällt bei kürzeren Leitungen. Hier können die Leiter einfach direkt in das Rohr hineingeleitet werden (was evtl. etwas Hin- und Herziehen oder -drehen erfordert). Alternativ kann ein normaler Leiter als Einziehdraht verwendet werden. Bei Neuinstallationen können die Leiter in ein auf dem Boden liegendes Rohr eingezogen werden, bevor dieses in die Wand verlegt wird. Das ist vor allem bei Leitungen empfehlenswert, die danach in der Wand Bögen schlagen müssen. Durch einen Bogen lässt sich ein normaler Leiter ohne eine Einziehfeder nur bei einer sehr kurzen Leitung führen.

Die Wahl der Elektroleiter für diese Rohrleitungen richtet sich nach der Stromabnahme, die über diesen Leiter erfolgen soll. Folgende Querschnitte des eigentlichen Kupferleiters (der Kupferader) kommen bei einfacheren Hausinstallationen zum Einsatz:

a) 1,5 mm² für die Beleuchtung und für weniger belastete Steckdosen
b) 2,5 mm² für schwerer belastete Steckdosen (für Waschmaschinen, Wäschetrockner, Geschirrspüler, kleinere Küchenherde, Öl-Heizkessel und kräftigere Elektrowerkzeuge)

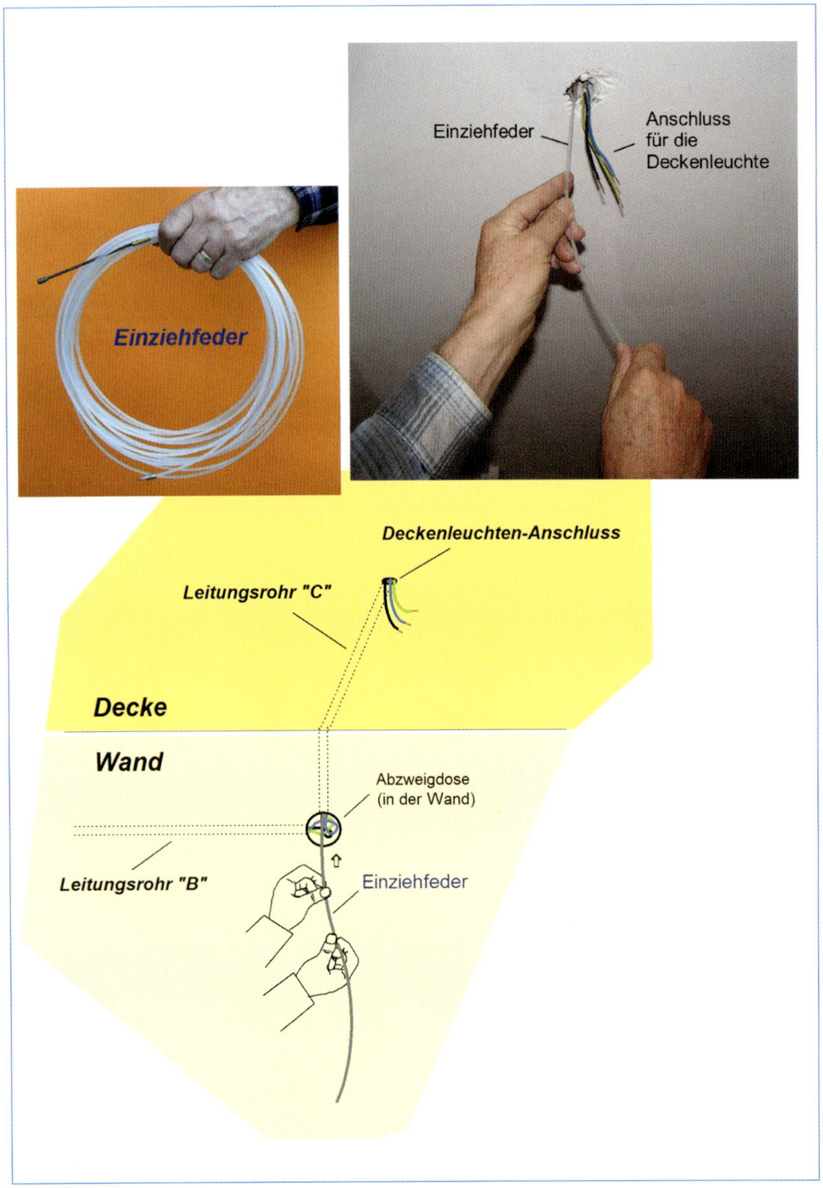

Abb. 7.3 – Mit einer Einziehfeder (Einziehnylonschnur) können zusätzliche oder neue elektrische Kupferleiter in bereits verlegte Installations-Kunststoffrohre eingezogen werden.

c) 4 mm² für größere Elektroherde, Elektroboiler und für stärkere Maschinen in der Hobbywerkstatt bzw. Garage (z. B. ein Elektroschweißgerät)

Mit den Grundfarben der Leiter verhält es sich einfach: **Schwarz** ist **die Phase (Außenleiter)**, **Blau** der **Neutralleiter** und **Gelb/Grün** der **Schutzleiter**. Neben diesen Grundfarben gehört zu den handelsüblichen Farben u. a. auch braun (für die geschaltete Phase, beim Drehstromanschluss für eine der drei Phasen oder einfach für eine zweite Phasenzuleitung).
Das übliche Zubehör dieser Installationsrohre bilden – bis auf gelegentliche Ausnahmen – nur noch *Verbindungsmuffen* und *Unterputzdosen*.

Bei einem Rohbau, in dem gegen Staubentwicklung noch nichts einzuwenden ist, werden die Rohrleitungen in die Mauern eingefräst.

Vor dem Einputzen müssen die Installationsrohre in der Mauer Halt bekommen. Dies geht am einfachsten erst mit Nägeln (Abb. 7.2), anschließend mit ein wenig Gips, Goldband oder Füllspachtel, mit denen das Rohr an einigen Stellen fixiert wird.

Eine **Unterputz-Flachleitung** (Abb. 7.5), die unter dem Handelsnamen **NYIF-Stegleitung** geführt

Abb. 7.4 – Eine Ziegelsteinwand besteht immer aus aufeinandergemörtelten Ziegelreihen, in deren Fugen sich waagrechte Schlitze leicht mit einem Flachmeißel einstemmen lassen.

wird, eignet sich sehr gut für Elektroinstallationen in trockenen Räumen (zu denen in dieser Hinsicht auch das Badezimmer gehört).

In der gängigsten dreiadrigen Ausführung (3 x 1,5 mm²) ist sie nur ca. 3,8 mm dick, ca. 18,6 mm breit und kann bei verputzten Wänden schnell und einfach nur in einen Schlitz im Putz verlegt werden. Der Schlitz im Putz sollte nach Möglichkeit 9 bis 10 mm tief sein, damit anschließend der neue Putz haften kann (Abb. 7.5).

Bei unverputztem Mauerwerk wird die Stegleitung nur an der Mauer mit kleinen speziellen Nägeln befestigt. Sie sind mit Isolierscheiben versehen und als Zubehör dieser Flachleitung erhältlich.

Die gängigste Flachleitung ist dreiadrig (schwarz, blau und grün/gelb isolierte Kupferdrähte mit einem 1,5-mm²-Querschnitt) und eignet sich somit hervorragend z. B. für zusätzliche Leuchten-, Lichtschalter oder Steckdosenanschlüsse.

Sofern es sich als zu schwierig erweist, eine zweiadrige Flachleitung mit zwei schwarzen oder braunen Leitern zu erwerben, sollte etwas improvisiert werden: Man kann die einzelnen Leiter der Stegleitung auseinanderschneiden und für die Zuleitung zum Lichtschalter zwei Leiter in der richtigen Farbe nebeneinander in den Schlitz legen.

Anstelle einer Flachleitung kann z. B. auch die **PVC-Mantelleitung** (NYM-J/3x1,5-mm²- oder -5x1,5-mm²-Kabel) unter den Putz verlegt und evtl. mit einer Flach- oder Rohrleitung beliebig kombiniert werden (z. B. in Kellerräumen mit feuchten Wänden oder unter einer Teppichsockelleiste).

Dreiadrige NYM-J-Installationskabel haben bei 1,5 mm² Leiterquerschnitt pro Ader einen Außen-

> Stegleitungen sind auch in zwei-, vier- und fünfadriger Ausführung und wahlweise mit einem 1,5-oder 2,5-mm²-Kupferleiterquerschnitt erhältlich.

Abb. 7.5 – Ein ca. 9 – 10 mm tiefer Schlitz im Putz reicht aus, um eine Unterputz-Stegleitung verlegen zu können.

durchmesser von nur ca. 8 mm, fünfadrige von nur ca. 10,5 mm. Sie lassen sich daher meist ohne großen Aufwand unter den Putz verlegen. Bei Bedarf kann auch ein zusätzlicher Schlitz in die Ziegel der Wand eingestemmt werden. Waagrecht verlaufende Leitungen können dann in Fugen zwischen den Ziegelreihen nach Abb. 7.7 verlegt werden.

Das Rundkabel eignet sich auch gut für zusätzliche Anschlüsse, bei denen die LED-Beleuchtung an eine be-

Abb. 7.6 – NYM-J-Kabel sind wahlweise in (preiswerten) Rollen von ca. 50 m Länge oder als Meterware erhältlich.

Abb. 7.7 – Runde Installationskabel lassen sich leicht in die waagrechten Fugen zwischen den Ziegelreihen verlegen: Bei bereits verputzten Wänden lohnt es sich, diese Fugenreihen ausfindig zu machen, denn der Fugenmörtel ist in der Regel weicher als die Ziegel.

Abb. 7.8 – Das Rundkabel kann mit seitlich eingeschlagenen Nägeln und etwas Gips oder Füllspachtel in der Wand fixiert werden.

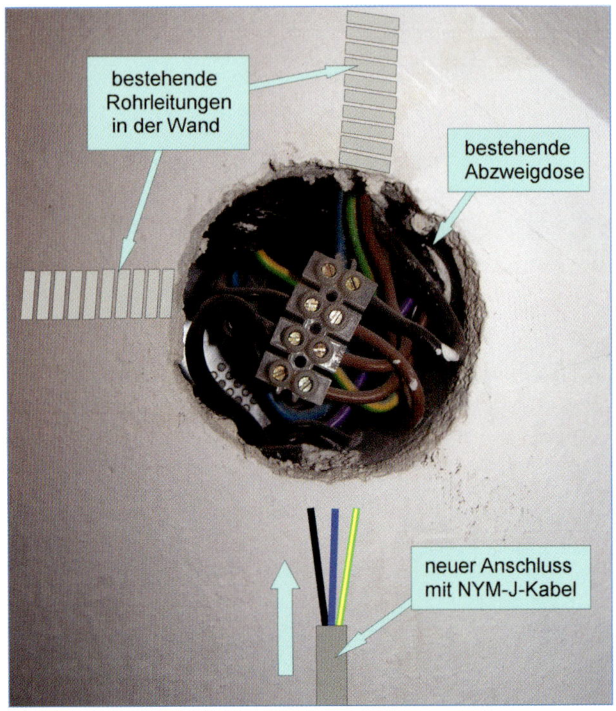

Abb. 7.9 – Ein Stromanschluss für eine zusätzliche LED-Leuchte kann bei Bedarf aus einer Abzweigdose (Verbindungsdose) entnommen werden.

stehende Abzweigdose nach Abb. 7.9 angeschlossen werden kann.

Die hier angesprochenen Installationskabel der NYM-J-Type können auch als *Aufputzkabel* verwendet werden, die z. B. nach Abb. 7.10 mit passenden Befestigungsschellen an der Wand angebracht werden. Diese Lösung eignet sich sehr gut auch für Elektroinstallationen, die beim Dachausbau fällig sind. Wenn hier die Kabel teilweise selbsttragend (ungestützt von einer Wand) installiert werden müssen, können sie in Stangenrohren (Abb. 7.1b) verlegt werden.

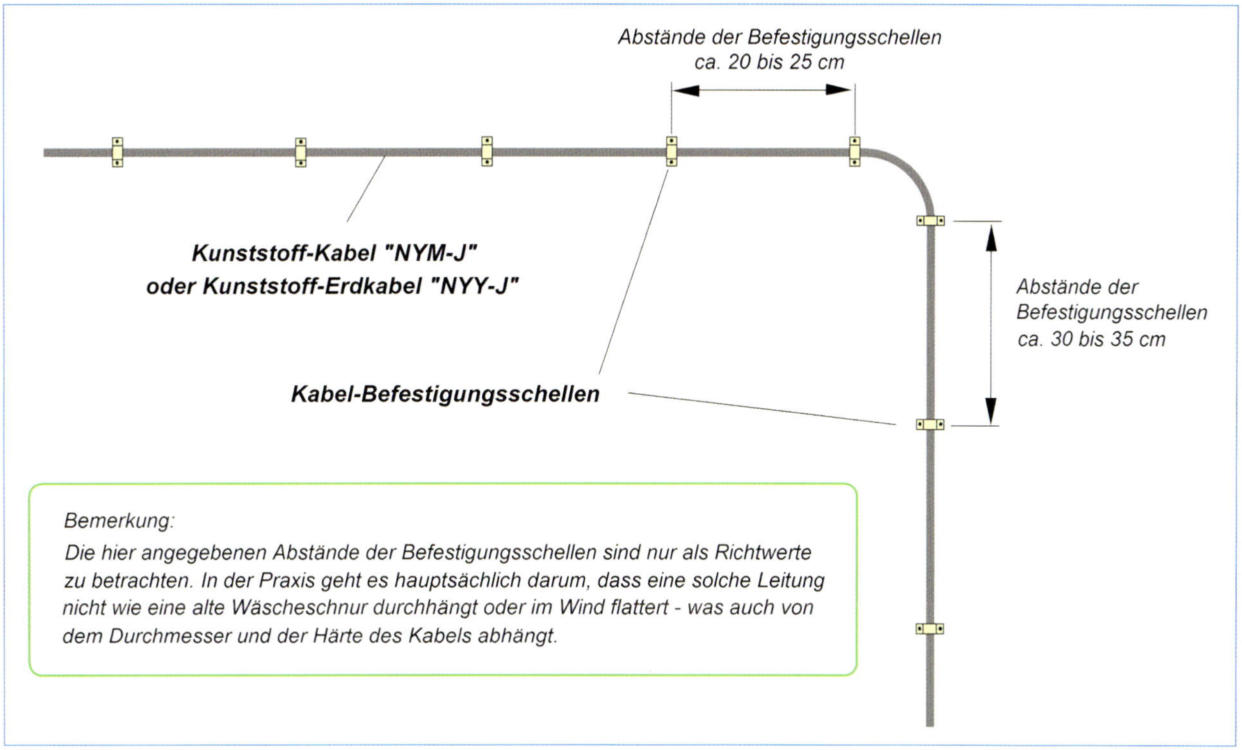

Abb. 7.10 – Richtabstände der Befestigungsschellen an einer Kabelelektroleitung

7.1 Installationszonen für Unterputzleitungen

Unterputzleitungen sind nicht sichtbar und daher kann es leicht vorkommen, dass in einem Wohnraum Nägel und Dübel, die in die Wand eingeschlagen bzw. eingebohrt werden, die Elektroleitung treffen. Um solche Risiken zu verringern, gibt es in den Vorschriften für Elektroinstallateure Installationsrichtmaße (Abb. 7.11).

Rund um die in Abb. 7.11 eingezeichneten Grundrichtmaße gewähren die Vorschriften jedoch recht breite Spielräume:

1. Die angelegten Leitungen und ihr Zubehör (wie Lichtschalter und Stecker) dürfen in der Praxis in sogenannten *Installationszonen* nach Abb. 7.12 installiert werden, die bei horizontalen Leitungen 30 cm breit sind und um ±15 cm von den in Abb. 7.11 aufgeführten Richtmaßen abweichen dürfen. Bei vertikalen Leitungen ist die Installationszone 20 cm breit und hält von den Türen und Fenstern einen Abstand von 10 cm.

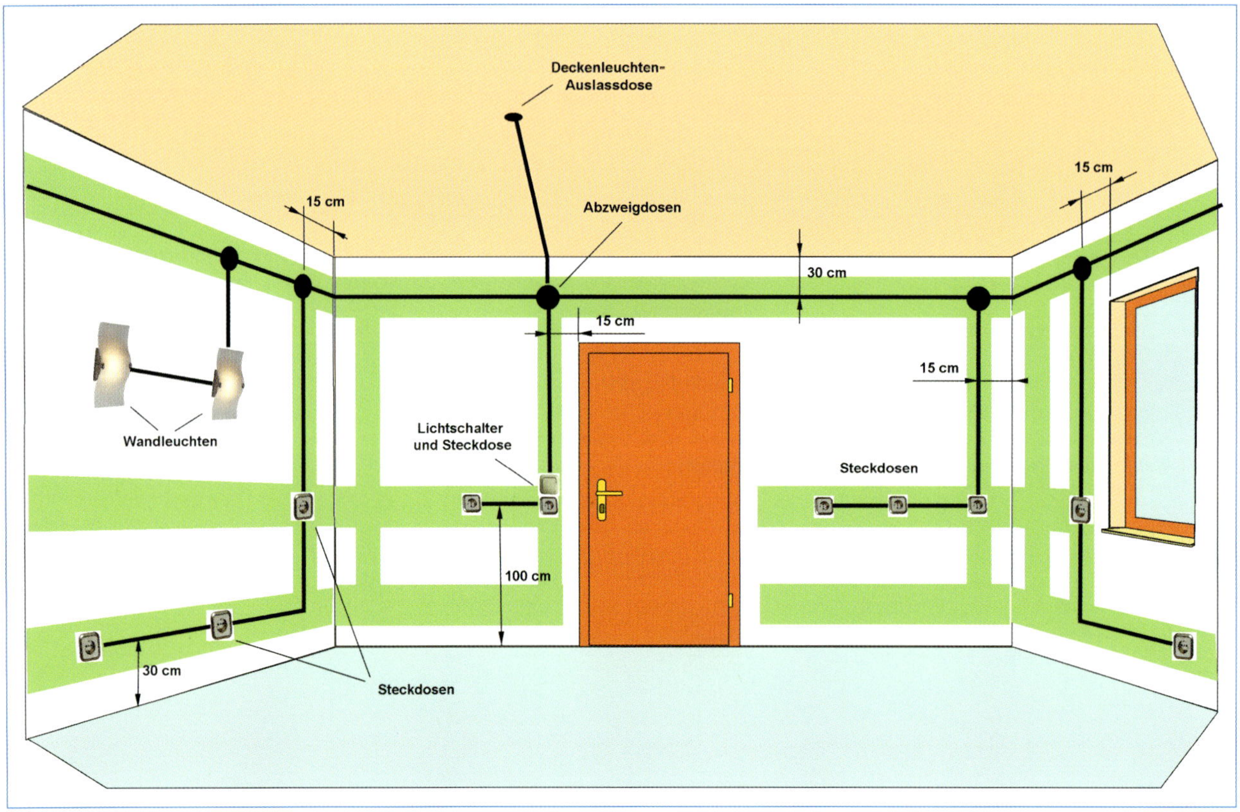

Abb. 7.11 – Vorschriftsgerechte Grundrichtmaße der Unterputz-Elektroleitungen

2. Bei Räumen im Dachausbau ordnet sich die Installationszone der Dachschräge nach Abb. 7.13 unter.
3. In Decken oder Fußböden sollten die Leitungen auf dem kürzesten Weg verlegt werden und bevorzugt im rechten Winkel zur Wand liegen – was allerdings nicht für den Dachausbau mit schrägen Wänden gilt.
4. Wandleuchten oder Netzanschlüsse für diverse spezielle Geräte und Vorrichtungen dürfen außerhalb der in Abb. 7.12/7.13 aufgeführten Installationszonen installiert werden, allerdings mit horizontal oder vertikal verlegten Zuleitungen. Darunter fallen auch Anschlüsse bzw. Steckdosen für Küchen oder Arbeitsräume.

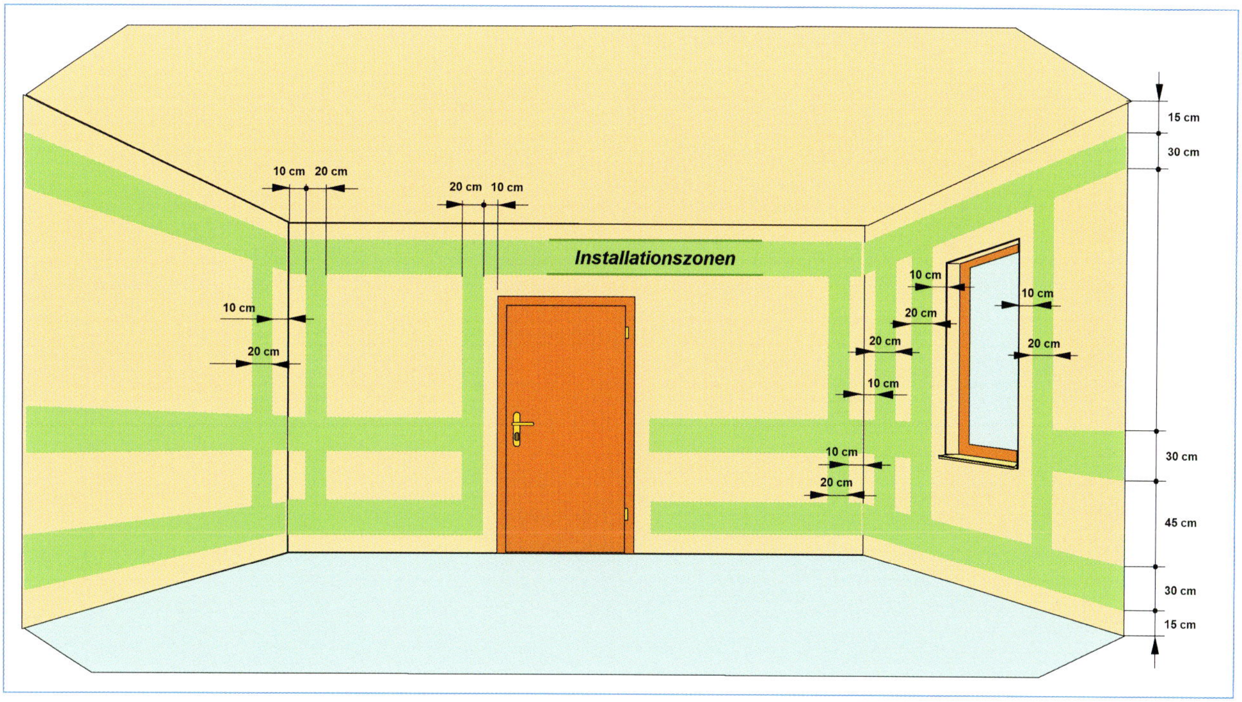

Abb. 7.12 – Installationszonen, in denen laut Vorschrift Elektroleitungen verlegt werden dürfen.

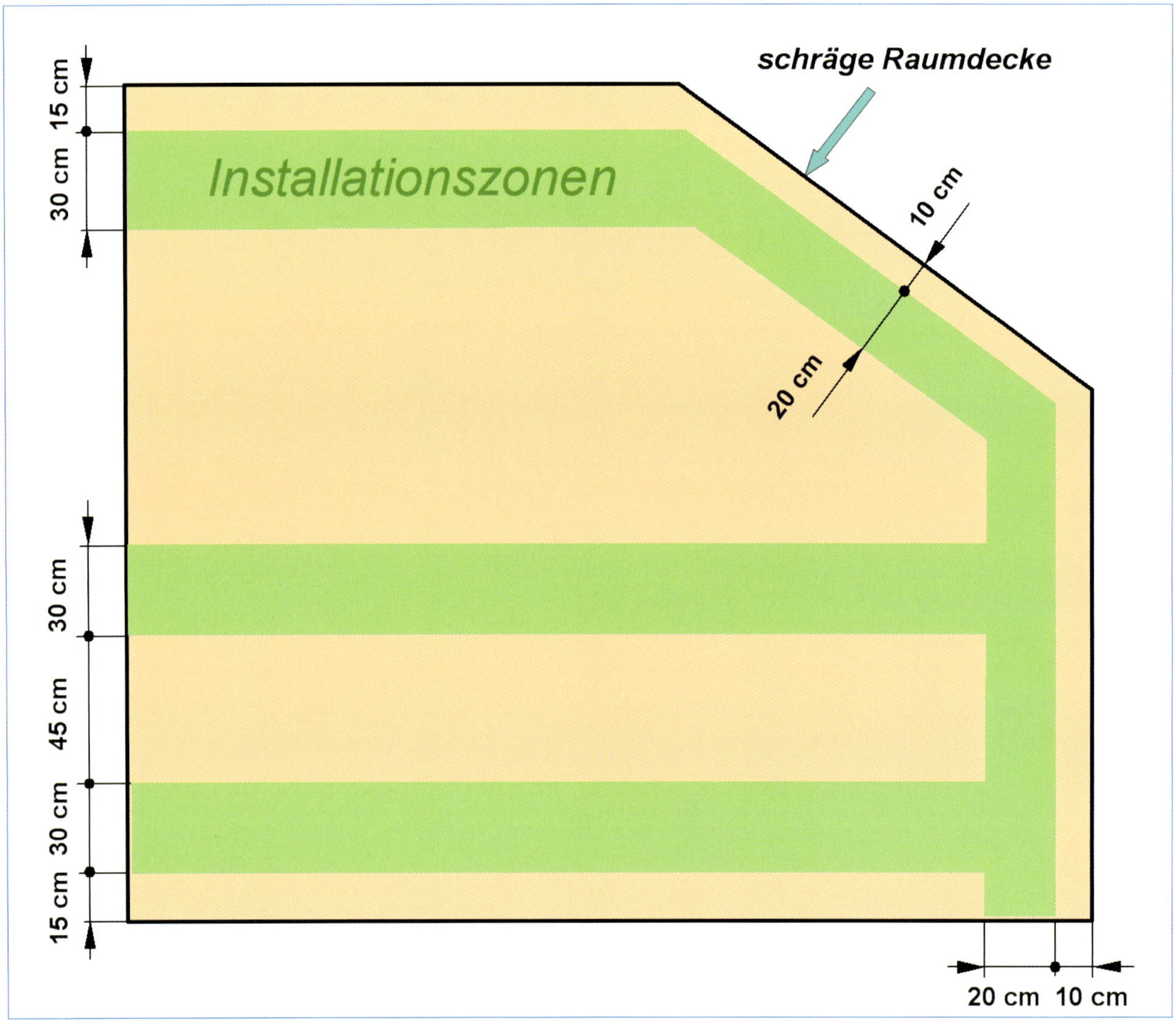

Abb. 7.13 – Installationszonen unterhalb von Dachschrägen

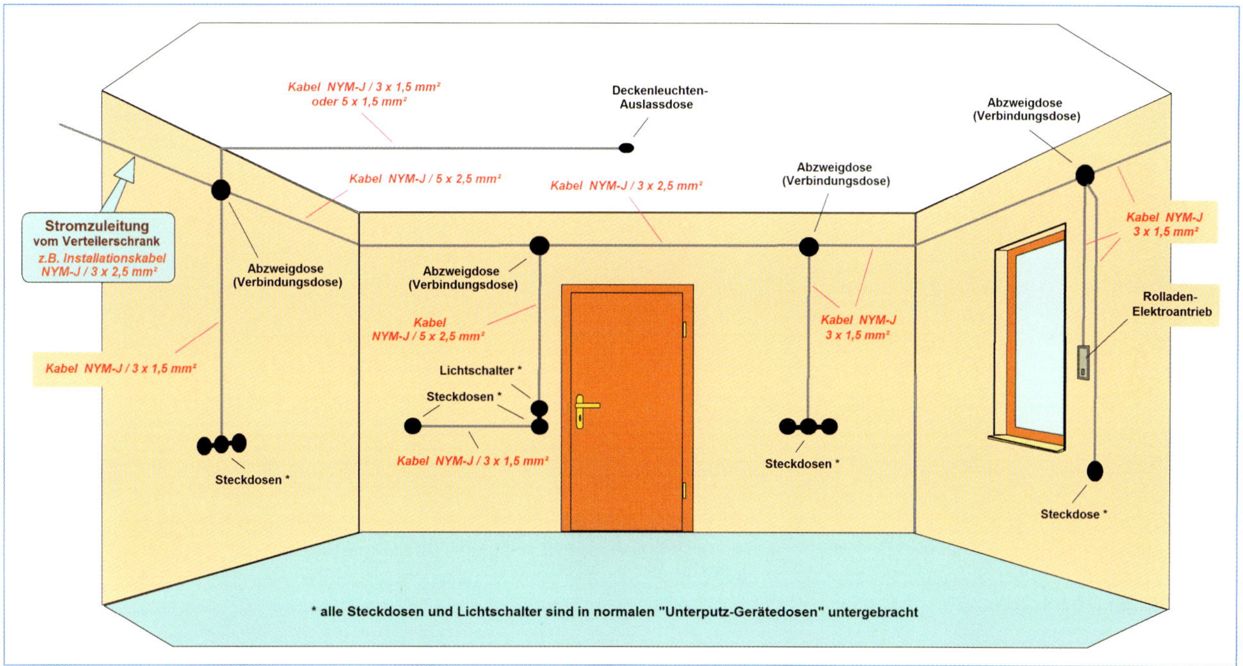

Abb. 7.14 – Praktisches Beispiel einer Elektroinstallation mit NYM-J-Kabeln

Wichtig

Im Badezimmer müssen laut Vorschrift Schalter, Steckdosen, Leuchten und andere Elektrogeräte mindestens 60 cm weit von der Wanne und Dusche entfernt sein. Ausnahmen sind nur bei spritzwassergeschützten elektrischen Warmwasseraufbereitern mit Schutzart *IP X5* erlaubt. Alle Anschlüsse, die weniger als 3 Meter von der Wanne oder Dusche entfernt sind, müssen über einen FI-Schutzschalter mit Nennfehlerstrom 30 mA (0,03 A)angeschlossen werden.

7.2 Verbindungs- und Gerätedosen

Für alle einfacheren Elektroinstallationen in Wohnräumen sind nur drei Grundtypen von Unterputzdosen erforderlich:

a) **Gerätedosen** (Schalterdosen), die sowohl für alle Lichtschalter (und Dimmer) als auch für alle Steckdosen vorgesehen sind (Abb. 7.15-17)
b) **Verbindungsdosen** (Abzweigdosen), die meist unterhalb der Decke in der Wand angebracht werden und von denen die Zuleitungen zu den Lichtschaltern, Steckdosen und Leuchten führen (Abb. 7.18)
c) **Wandauslassdosen** für die Anschlüsse von Wandleuchten (Abb. 7.19)

Wenn Sie einen Lichtschalter oder eine weitere Steckdose benötigen, fängt die Installation mit dem Unterbringen einer *Unterputz-Gerätedose* in der Wand an. Natürlich muss danach noch das Einstemmen der benötigten Zuleitung erfolgen.

Gerätedosen haben (bis auf seltene Ausnahmen) einen einheitlichen Durchmesser von ca. 60 und eine Standardtiefe von ca. 42 mm. Sie eignen sich für alle gängigen Steckdosen und Lichtschalter. Wie Abb. 7.16 zeigt, können mehrere Gerätedosen zusammengesteckt werden. Der genormte Kombinationsabstand

Abb. 7.15 – Ausführungsbeispiel einer Gerätedose (Schalterdose), die mit zwei „Snap-Tunnelstutzen" (Ein-/Ausgängen) versehen ist.

Abb. 7.16 – Bei Bedarf können mehrere Gerätedosen zu einer beliebig langen Reihe zusammengesteckt werden, die maßgerecht mit den Abdeckrahmenabmessungen übereinkommt. Die äußeren Snap-Tunnelstutzen können als Anschlüsse für die Leitungen (beliebiger Art) genutzt werden.

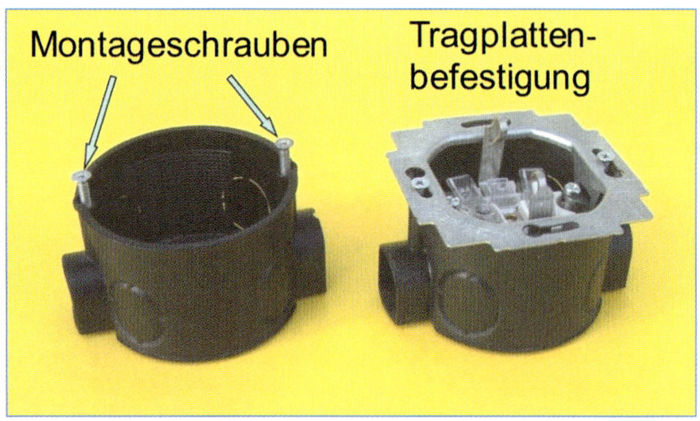

Abb. 7.17 – Gerätedosen haben oben an ihrem Rand zwei Bohrungen, die typenbezogen mit einem M3-Gewinde für Tragplattenschrauben vorgesehen sind. An diese können Lichtschalter, Dimmer oder Steckdosen befestigt werden – falls nicht eine Befestigung mittels ihrer Montagekrallen bevorzugt wird.

Abb. 7.18 – Ausführungsbeispiel einer gängigen Verbindungsdose (Abzweigdose): Sie hat einen Durchmesser von 70 mm, eine Tiefe von 35 oder 55 mm und wird mit einem *Federdeckel* verschlossen.

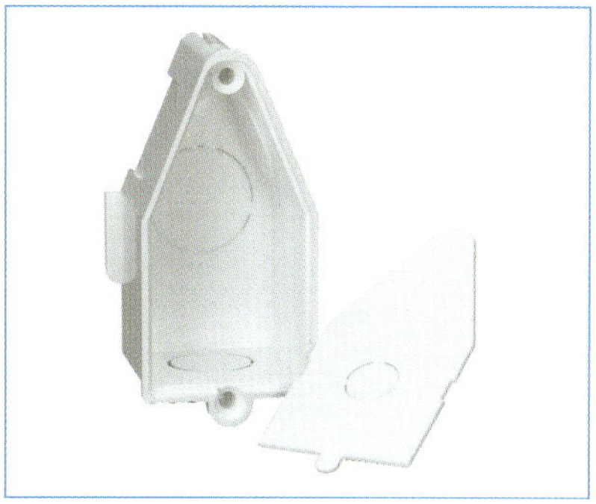

Abb. 7.19 – Für Leuchtenwandanschlüsse werden *Wandauslassdosen* angewendet.

Abb. 7.20 – Ausführungsbeispiel einer „Aufputz"-Verbindungsdose, die auch für Kabelleitungen geeignet ist, die z. B. hinter den Rigipswänden bei einem Dachausbau verlegt werden.

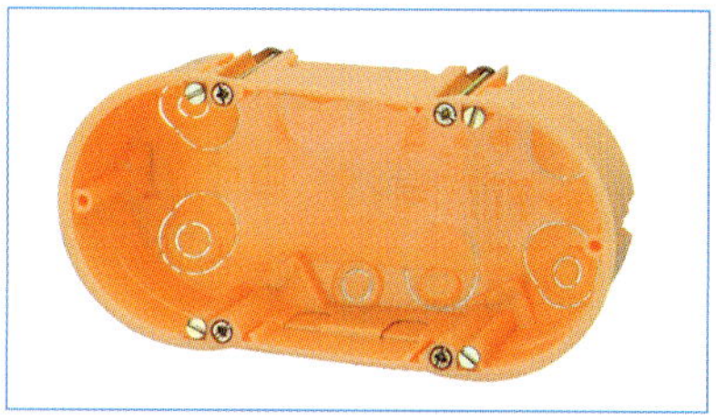

Abb. 7.21 – Ausführungsbeispiel einer Doppelgerätedose, die anstelle von zwei zusammengesteckten Gerätedosen verwendet werden kann.

von 71 mm wird dabei automatisch durch das Tunnelstutzen-Stecksystem für das Aneinanderreihen mehrerer Stecker und Schalter vorgegeben.

Wenn in derartig zusammengesteckte *Gerätedosen* die vorgesehenen Schalter und Steckdosen hineingeschraubt und etwas ausgerichtet werden, passen sie perfekt in einen gemeinsamen Abdeckrahmen, der wahlweise für bis zu etwa fünf Schalter und Steckdosen erhältlich ist.

Doppelgerätedosen nach Abb. 7.21, die ebenfalls ca. 42 mm tief sind und über Snap-Tunnelstutzen verfügen, können anstelle von zwei zusammengesteckten Einzeldosen verwendet bzw. mit diesen kombiniert werden. Sie bieten etwas mehr Zwischenraum für eventuelle zusätzliche Klemmen einer Abzweigung.

Bei den gängigen 42 mm tiefen Unterputz-Gerätedosen bietet der Innenraum manchmal noch etwas Platz für eine oder zwei zusätzliche Lüsterklemmen, wenn die Steckdose herstellerseitig etwas flacher ausgelegt ist. Dies trifft u. a. bei Doppelsteckdosen zu, die etwa zur Hälfte oberhalb des Putzes herausragen (unter einer erhöhten Abdeckung).

Wenn in einer Unterputz-Gerätedose mehrere Klemmen oder Leiter untergebracht werden sollen, als in die normale 42 mm tiefe Dose passen, kann an ihrer Stelle eine um ca. 21 mm tiefere **Geräteverbindungsdose** angebracht werden.

Das eigentliche Unterbringen einer Gerätedose (Schalterdose) in der Wand ist am einfachsten, wenn das erforderliche Loch mit einer Handbohrmaschinen-Schlagbohrkrone (nach Abb. 7.22) herausgefräst und danach mit einem Meißel (nach Abb. 7.24) herausgestemmt wird. Es geht aber auch anders: Legen Sie die leere Gerätedose an die vorgesehene Stelle als Zeichenschablone auf die Wand (nach Abb. 7.25) und zeichnen Sie das ein, wie groß das Loch werden muss.

7.2 Verbindungs- und Gerätedosen

Beachten Sie

Nicht alle Gerätedosen verfügen über Tunnelstutzen. Sie sind alternativ auch nur als runde Dosen ohne Stutzen erhältlich. Diese Dosen können z. B. bei Flachkabelzuleitungen verwendet werden. Dadurch erspart man sich das zusätzliche Einmeißeln der eckigen Dosenstutzen in die Mauer. Alternativ lassen sich die Stutzen der Schalterdose leicht abzwicken oder mit einem scharfen Messer abschneiden, wenn sie nicht für eine Rohrzuleitung oder eine Verbindung zur nächsten Unterputzdose benötigt werden.

Alle Unterputzdosen verfügen über mehrere Ausbrechöffnungen (für Zuleitungen), die in gewünschter Form einfach mit dem Daumen herausgedrückt oder mit einer scharfen Messerspitze herausgeschnitten werden.

1. Bohren Sie mit einem ca. 5- bis 6-mm-Steinbohrer mit einer Schlagbohrmaschine um den gezeichneten Ring und die Tunnelstutzen etwa 45 mm tiefe Löcher in die Mauer. Je dichter die Bohrungen aneinander sind, desto leichter lässt sich das vorgebohrte Mauerwerk herausmeißeln. Sie können zudem die erstellten Bohrungen durch zusätzliches schräges Nachbohren miteinander verbinden – das erleichtert das Herausstemmen.
   Stemmen Sie nun mit einem feineren 8-mm-Flachmeißel den erforderlichen Rest (nach Abb. 7.26) heraus.
2. Wenn alles fertig ist, legen Sie die Unterputzdose nochmals zur Kontrolle in die Mauer hinein und vergewissern Sie sich, dass die Dose ausreichend tief sitzt. Sie darf bei einer bereits verputzten Wand auf keinen Fall überstehen, denn dann würde auch der nachher montierte Lichtschalter bzw. die Steckdose überstehen. Befreien Sie danach das Loch von Ziegelresten und Ziegelstaub.

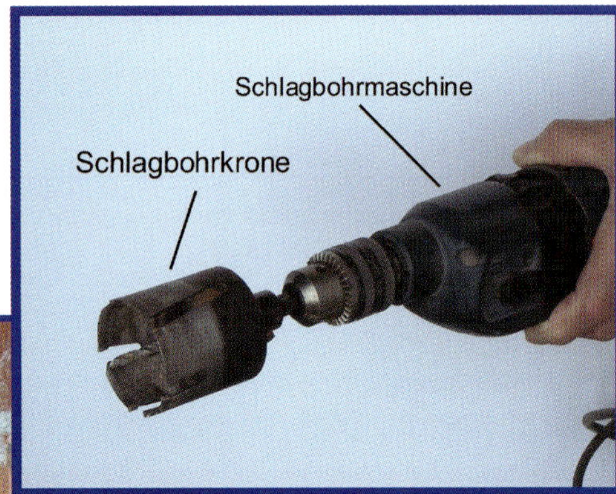

Abb. 7.22 – Eine Schlagbohrkrone ermöglicht bequemes Herausfräsen der Löcher für Unterputzdosen.

Abb. 7.23 – Das rundum ausgefräste Mauerwerk wird anschließend mit einem Meißel herausgestemmt.

3. Nun ist das Einspachteln der Unterputzdose an der Reihe. Rühren Sie erst eine kleine Menge Füllspachtel mit etwas Wasser zu einer dickeren Masse an. Bringen Sie diese an die Innenwände des Dosenlochs nach *Abb. 7.26* an. Drücken Sie dann die Dose hinein. Sie sollte eher ca. 2 mm tiefer als der Putz sitzen als überstehen. Sie darf nur dann um ca. 6 bis 8 mm überstehen, wenn es sich um eine noch unverputzte Rohbauwand handelt.
4. Falls Ihnen das Werk nicht beim ersten Anlauf gelingt, kein Problem. Ziehen Sie die Schalterdose wieder heraus, kratzen Sie den alten Füllspachtel heraus und versuchen Ihr Glück noch einmal.
5. Wenn Sie beim Einspachteln die benötigten Tunnelstutzen der Dose eingangseitig zu sehr verschmiert haben, müssen sie gesäubert werden, bevor die Spachtelmasse hart wird.

Ähnlich, wie eine Unterputz-Gerätedose wird auch eine Unterputz-Verbindungsdose in der Wand untergebracht. Mit dem Eingipsen sollte in beiden Fällen erst dann angefangen werden, wenn auch die Schlitze für die Leitungen bzw. Leitungsrohre vorhanden sind.

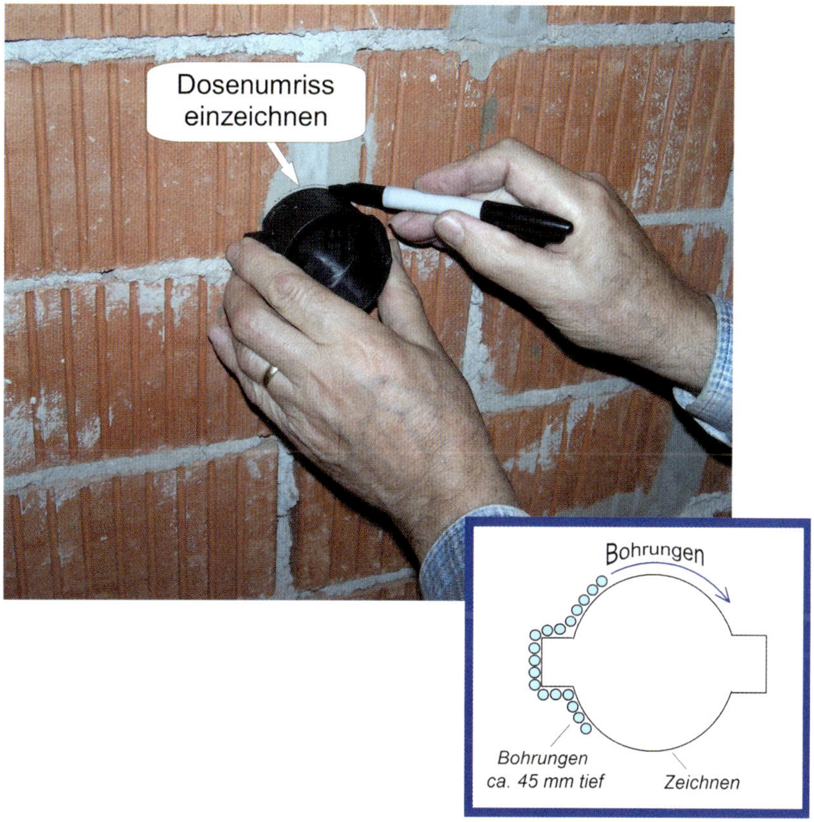

Abb. 7.24 – Als Zeichenschablone kann jeweils die Unterputzdose verwendet werden, die anschließend passend in die Mauer eingegipst werden soll.

7.2 Verbindungs- und Gerätedosen

Abb. 7.25 – Mit einem dünneren Meißel kann das unerwünschte Mauerwerk bequem herausgestemmt werden.

Beim Anbringen von Unterputzdosen in eine noch unverputzte Rohbauwand (Abb. 7.27) stellt sich die Frage, um wie viele Millimeter die Dosen überstehen sollen, damit sie später mit dem Putz die erforderliche Ebene bilden. Moderne Putze dürfen auf die Mauer relativ dünn (ab ca. 6 mm) aufgetragen werden. Fragen Sie den Maurer vorher, wie dick er auftragen wird, und kontrollieren Sie, welche Unebenheiten die betreffende Mauer im Rohzustand aufweist. Die Putzschicht muss Unebenheiten auffangen und wird somit an manchen Stellen dicker sein, als es theoretisch ausreichen würde.

Für dünne Holz- oder Gipsplattenwände gibt es u. a. Hohlwand-Installationsdosen, die nur ca. 35 mm tief sind. Hier muss üblicherweise nicht gehackt, sondern nur gesägt oder gefräst werden. Das Angebot an Spezialzubehör für solche Zwecke ist recht groß.

> Einmal angerührter Gips darf im Nachhinein nicht mehr verdünnt werden (nur während der ersten halben Minute des Anrührens). Ansonsten wird er nicht mehr härten. Teurer Füllspachtel verhält sich kooperativer, braucht aber meist etwas mehr Zeit zum Härten.

Neben den hier aufgeführten Standardschaltern und Abzweigdosen gibt es auch andere Unterputzdosen (in anderer Form oder anderer Größe). Für gängige Installationen eignen sich zwar die hier beschriebenen Unterputzdosen am besten, aber für spezielle Zwecke kann man auch andere Dosen verwenden. Lassen Sie sich bei Bedarf von einem Elektrofachverkäufer ausführlicher aufklären, was er Ihnen anbieten kann.

Abb. 7.26 – Die Spachtelmasse wird in das Loch in der Mauer aufgetragen, damit die Gerätedose in der Mauer gut sitzt.

Abb. 7.27 – Das Einspachteln der Gerätedose kann bei einer unverputzten Mauer nur provisorisch erfolgen, müsste aber bei einer bereits verputzten Wand perfekt geglättet werden.